Vladimir Nekola

Planzeichnen

Vladimir Nekola

Planzeichnen

2., überarbeitete Auflage

Wie Baukünstler und die,
die es werden wollen, ihre Ideen
zu Papier bringen sollten

Fraunhofer IRB Verlag

Bibliografische Information der Deutschen Nationalbibliothek:
Die Deutsche Nationalbibliothek verzeichnet diese Publikation in der Deutschen Nationalbibliografie;
detaillierte bibliografische Daten sind im Internet über
www.dnb.de abrufbar.

ISBN (Print): 978-3-8167-9987-0
ISBN (E-Book): 978-3-8167-9988-7

Lektorat: Susanne Jakubowski
Herstellung: Angelika Schmid
Satz: Mediendesign Späth, Birenbach
Druck: Offizin Scheufele Druck und Medien GmbH + Co. KG, Stuttgart

© Fraunhofer IRB Verlag, 2017
Fraunhofer-Informationszentrum Raum und Bau IRB
Nobelstraße 12, 70569 Stuttgart
Telefon +49 7 11 9 70-25 00
Telefax +49 7 11 9 70-25 08
irb@irb.fraunhofer.de
www.baufachinformation.de

Inhaltsverzeichnis

Dieses Handbuch ist vor allem für diejenigen gedacht, die sich mit Bauplänen befassen, die für die Kommunikation mit den Behörden, den Fachingenieuren, einer aufgabenorientierten Bauherrschaft und mit den ausführenden/produzierenden Firmen vorgesehen sind.

Es behandelt nicht von Darstellungen, deren Sinn im Präsentieren und Beeindrucken von künstlerisch orientierten Betrachtern liegt.

Die Ausarbeitung der hier behandelten Themen erhebt keinen Anspruch auf Vollständigkeit.

Der Plan:

- ist ein Vertragsdokument zwischen Bauherr, Planer und der produzierenden und/oder ausführenden (Bau)Firma
- muss allgemein verständlich/leserlich sein
- vermittelt Informationen über geometrische und funktionale Abhängigkeiten, Abmessungen, Mengen und Materialqualitäten

... und was man nicht zeichnet, das bekommt man nicht ...

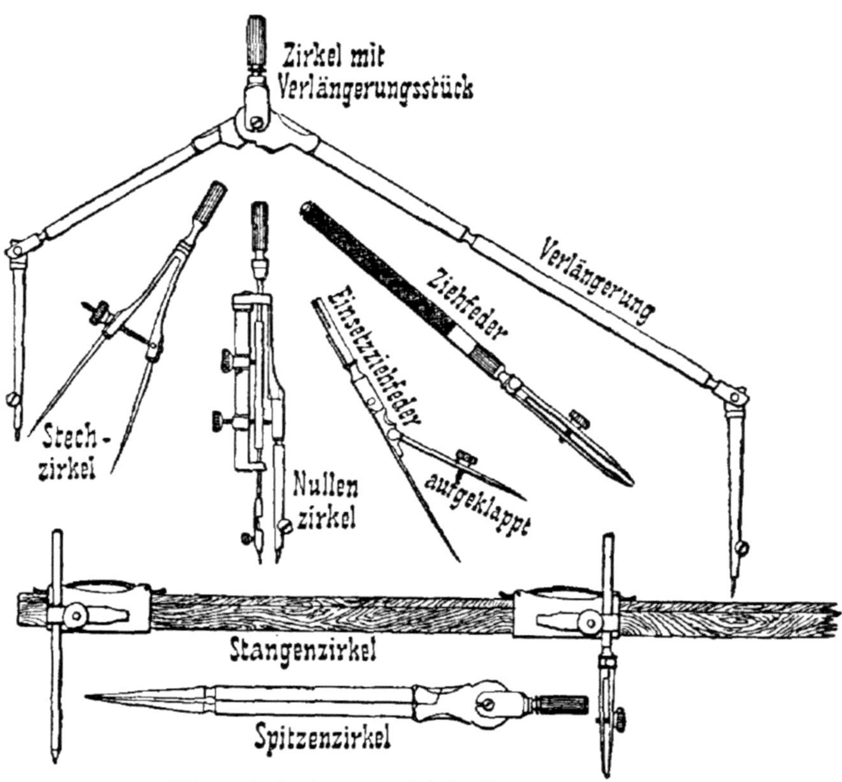

Ott Lueger »Lexikon der gesamten Technik« 1904

1
2
3
4
5
6
7
8
9
10
11
12
13
14
15
16
17
18

1	50-cm-Lineal
2	Zeichenschablone
3	Kurvenlineal
4	Skizzierstift »6B«
5	Messlineal – »Dreikant«
6	Radiergummi
7	kariertes Papier
8	Rasierklinge – abkratzen von Tusche
9	Skizzenpapier/-rolle ca. 24/25 g/m²
10	Winkelmesser
11	Zeichendreieck – 45°
12	Schneidemesser – fein
13	Kugelschreiber (lässt sich gut faxen)
14	Druckbleistift/Fallminenstift für minen 9H-9B
15	Filzstift – fein
16	Bleistift mit Minen 9H-9B
17	Tuschezeichner
18	verstellbares Zeichendreieck

Hier, für den Anfang, eine kleine Übersicht der ersten und »unumgänglichen« Zeichenutensilien. Die Grundlage besteht sicher aus Zeichnungsträgern aus transparentem Papier, die einfachsten in Papierdicken von ca. 20 bis 35 g/m², vorwiegend auf Rollen von 30 cm Breite und von 10 bis 200 m Länge, auf denen Sie die ersten Formen/Ideen skizzieren. Um diese im richtigen Maßverhältnis zueinander zu halten gibt es Messlineale, bevorzugt Dreikant-Lineale, die sechs (1 : 500, 1 : 250, 1 : 100 etc.) verschiedene Maßverhältnisse abbilden. Fürs Erste kann aber auch kariertes Papier herhalten.

Als Zeichenhilfe steht eine Menge von Linealen, Dreiecken und Schablonen in allen möglichen Ausführungen zur Verfügung. Neben geraden Linealen sind es Kurvenlineale, neben Zeichenschablonen sind es auch Schriftschablonen und neben »normalen« Zeichendreiecken gibt es auch verstellbare, die das Zeichnen von Schrägen wesentlich erleichtern. Um die Spuren der verschiedenen Stifte wieder zu entfernen, können Sie neben Radiergummis auch Rasierklingen oder Glasradierer nutzen, die vorzugsweise auf Transparentpapieren zum Einsatz kommen.

Fallminen- und
Feinminenstifte

Buntstifte

Bleistift-, Buntstift-, Fall-
minenspitzer und
Schleifbrettchen

Mechanischer Bleistiftspitzer

Minenhärten	Charakter	Verwendung
9B	extrem weich, tiefschwarz	für künstlerische Zwecke, Skizzieren, Studien, Entwürfe
8B		
7B		
6B	sehr weich, schmierig	»Architektengriffel«
5B		
4B		
3B	weich, tonsatt	zum Freihandzeichnen
2B		
B		zum Schreiben
HB	mittel	zum Schreiben und Zeichnen am Lineal
F		
H	hart	
2H		**für geometrische und technische Zeichnungen**
3H	härter	
4H		
5H		
6H		für Spezialzwecke wie Litho-, Karto-, Xylographie
7H		
8H		
9H	sehr hart	

Das klassische Zeichenmittel ist der Bleistift mit im Holzmantel eingeschlossener Mine (früher aus Blei heute Grafit). Seine Nachfolger sind der Fallminenstift und der Feinminenstift, dessen Vorteil im »Nicht-Spitzen-müssen« liegt. Seine Minen haben eine Dicke von ca. 0,2 bis ca. 1,3 mm und sind in der Regel in den Härtegraden von 3H bis 2B erhältlich. Für das sorglose Zeichnen eignen sich am besten Dicken zwischen 0,5 und 0,7 mm. Die beiden erstgenannten Stifte, Bleistift und Fallminenstift, muss man spitzen. Hier stehen jede Menge Spitzer bereit; von ganz einfachen, die in die Hosentasche passen, bis zu elektrisch angetriebenen, wobei für Fallminenstifte Schleifpapier/Schleifbrettchen am besten geeignet sind. Mit ihnen kann die Form der Spitze gezielt dem Bedarf angeschliffen werden.

Die Buntstifte werden vorwiegend in der klassischen Ausführung – im Holzmantel und in verschiedenen Härtegraden – angeboten. Als Aquarellstifte lassen sie sich mit Wasser vermischt zum Malen von Aquarellbildern verwenden.

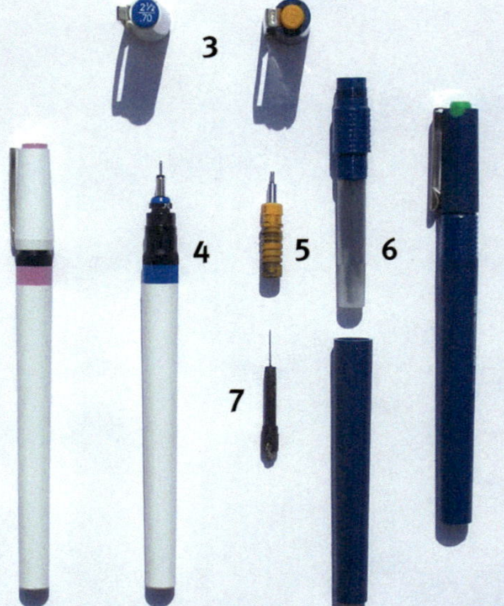

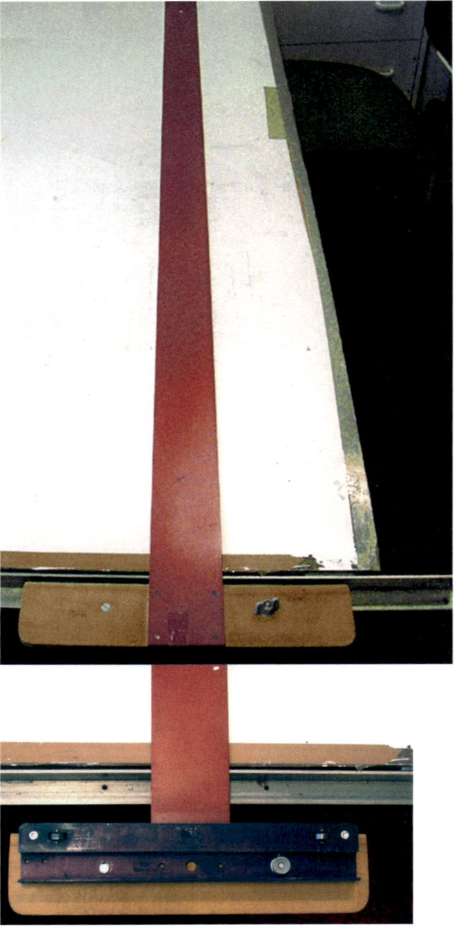

Magnet-Zeichenschiene

1	Bleistift-Einsatz
2	Tuschezeichner-Einsatz
3	Verschlusskappe(n)
4	Zeichenstift
5	Zeichenrohr
6	Tuschepatrone (nachfüllbar/einweg)
7	beweglicher Kolben

Linienbreiten der Tuschezeichner

Linienbreiten (mm)	0,13	0,18	0,25	0,35	0,50
Kennfarbe (ISO 9175)	violett	rot	weiß	gelb	braun
Linienbreiten (mm)	0,70	1,00	1,40	2,00	
Kennfarbe (ISO 9175)	blau	orange	grün	grau	

Ein weiteres wichtiges Zeichenwerkzeug ist der Zirkel, der mit verschiedenen Einsätzen bestückt werden kann. Etwas für Nostalgiker sind die Tuschezeichner (»Rapis«), die heute durch Filzstifte ersetzt werden. Beide Zeichengeräte gibt es mit verschiedenen Linienbreiten.

Für das manuelle Zeichnen von Plänen bis zur Größe A0 sind neben Zeichendreiecken noch weitere Hilfsmittel erforderlich. Zum einen sind es Zeichentische und Zeichenbretter, zum anderen Reißschienen und Zeichenmaschinen. Reißschienen oder auch Zeichenschienen gibt es in Kunststoff oder auch in Leichtmetall. Ganz »nackt« sind sie ziemlich ungenau, darum werden sie mit Magnetlaufwagen ausgestattet, was eine exakte Führung und damit ein komfortables Zeichnen gewährleistet. Etwas umständlich ist ihre Installation; der Stahlwinkel und seine Halter an der Tischkante müssen exakt montiert sein, da die Verschraubungen kein Spiel haben. Ein weiteres, preisgünstiges und sehr flexibles Werkzeug ist die schnurgeführte Zeichenschiene; mit Schnur und 5 Reißnägeln kann sie fast auf jedem Tisch befestigt werden. Für die in der Höhe und Neigung verstellbaren Zeichenbretter gibt es zwei Systeme: Mit Scherenparallelogrammführung und mit Kantenwagenparallelführung (Wagensystem). Das Zweite ist systembedingt genauer.

1

2

3

4

5

6

7

Zeichenbretter

8

1	Radierschablone
2	Glasfaserradierer
3	Radiermesser (Kratzmesser)
4	weicher Radiergummi
5	Rasierklinge
6	harter Radiergummi
7	Kantenwagen-Parallelführung
8	Scheren-Parallelogrammführung

Nachdem etwas gezeichnet wurde, kommt man sicherlich nicht daran vorbei, das Gezeichnete wieder zum Teil oder sogar ganz entfernen zu müssen. Hier stehen neben dem guten alten Radiergummi für Bleistiftzeichnungen ein Radiergummi mit Beigabe von Glasfasern für Filzstift- und Tuschezeichnungen zur Verfügung. Um auch nicht aus Versehen die (noch) richtigen Teile der Zeichnung zu entfernen, benutzt man Radierschablonen, die am besten aus dünnem Metallblech bestehen. Je dünner dieses ist, desto exakter lässt sich radieren. Für die Entfernung von Tusche- oder Filzschreiberlinien bewährt sich das Kratzen oder Schaben. Hier kommen Radiermesser, Rasierklingen, »Hobeln« und Glasfaserstifte zur Anwendung. Diese lassen sich nur auf dafür geeigneten Untergründen (Transparentpapiere, Zeichenfolien u. Ä.) anwenden. Normales Papier oder Karton zerstören sie. Auch die angekratzte Oberfläche von Transparentpapier muss leicht angefettet/geglättet werden (z. B. mit der Fingerkuppe oder dem Fingernagel) damit ein neuer Strich mit Tuschezeichner oder Filzer nicht zerfließt …

Rechner

CAD-Programme
ohne Anspruch auf Vollständigkeit

3Design

allplan

amapi

archiCAD

autoCAD

catia

corelDRAW

rhinoceros

scetchUp

shark FX

sweet home 3D

vectorworks

vellum

Schließlich muss man noch kurz die fortschrittlichsten Zeichenhilfen erwähnen; die so genannten CAD (Computer Aided Design = Rechner unterstütztes Darstellen)-Programme, die auf Rechnern betrieben werden. Inzwischen gibt es davon jede Menge und sich für das Eine oder das Andere zu entscheiden fällt schwer. Es stellt sich nicht mehr die Frage, auf welcher Plattform (Betriebssystem) welche Programme lauffähig sind, sondern mit welcher dieser Hilfen komme ich meinem Traumziel näher. Reicht mir die zweidimensionale Darstellung, also die Plandarstellung, die für die »Herstellung« meiner Vision durch die Handwerker immer noch an erster Stelle steht, oder muss ich die Auftraggeber, die Bauherrschaft mit dreidimensionalen Darstellungen blenden und/oder überzeugen? Wie auch immer, Sie sollten sich jedenfalls von dieser Zeichenhilfe nicht terrorisieren lassen ...

Fallen Sie z. B. nicht in die Maßstabsfalle! Im CAD konstruieren Sie in der Regel im Maßstab 1 : 1. Dies verführt immer wieder zum Detaillieren von Zeichnungsinhalten, was in einem kleineren Ausgabemaßstab wie z. B. im Fall einer Baueingabe – nämlich im M 1 : 100 – vollkommen irrelevant ist. Es gibt nur wenige Programme, die den Detaillierungsgrad der virtuellen Zeichnung auf eine angemessene Darstellung im Ausgabemaßstab reduzieren. Ähnlich die »Treppenmacher«; wenn Sie selber nicht wissen wie die Treppengeometrie berechnet und/oder konstruiert wird, sollten Sie von diesen und ähnlichen Arbeitshilfen im eigenen Interesse besser Abstand nehmen.

Millimeterpapier

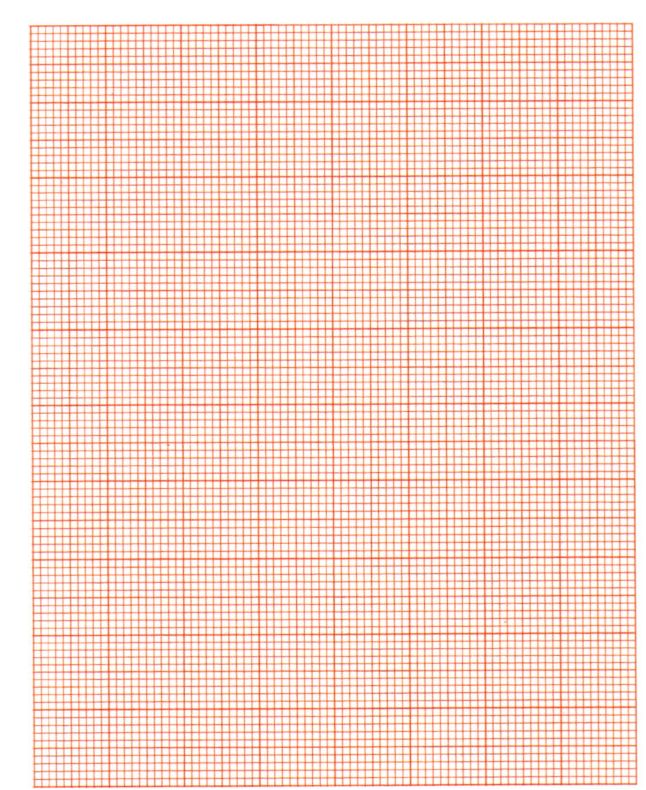

Kariertes Papier

Darstellungen im Originalmaßstab

Um die Maßstäblichkeit und die Proportion (Verhältnis der horizontalen und vertikalen Ausdehnung zueinander) der Skizze/Zeichnung zu gewährleisten und damit spätere Enttäuschungen zu vermeiden, ist eine Unterlage in Form von Millimeterpapier, oder einfacher, von kariertem Papier immer wieder sinnvoll. Kariertes Papier gibt es – klassisch – mit einer Maschenweite von 5 × 5 mm, aber auch mit 2 × 2, 3 × 3, bis ca. 20 × 20 mm. Wenn Sie im M 1:100 arbeiten wollen, entspricht ein Kästchen (5 × 5 mm) 50 cm, im M 1:200 100 cm etc. Dies hilft auch dem ungeübten Skizzierer eine proportional richtige Zeichnung zu kreieren.

Falls Sie mit/auf einem besonderen Modul (Rastermaß, Rasterform) arbeiten, kann es sinnvoll sein, sich dieses zuerst auf eine Unterlage mit Lineal aufzuzeichnen ...

Auch die ersten Skizzen sollten nicht nur für Sie selbst anschaulich sein und sollten deswegen proportional und maßstäblich richtig erscheinen. Also nicht sofort auf den »weißen Zeichenkarton« zeichnen, sondern ein transparentes Skizzierpapier benutzen und der Verhältnisse wegen ein kariertes oder Millimeterpapier unterlegen. Das Skizzierpapier wird in Rollen von 33 und 50 cm Breite, in Längen von 20 bis 200 m und in Dicken von 20–25 g/m² bis 40–45 g/m² vertrieben. Außer im Weißton kommen sie auch im Gelbton vor. Dickere Papiere eignen sich nicht mehr zum Skizzieren und sind auch entsprechend teurer.

Transparentes Papier gibt es natürlich auch in Blöcken (A4, A3), wobei hier die Papierdicken bei ca. 60 g/m² beginnen.

Beispiele der Rollengrößen …

Rollen 90/95 g/m²	0,33 × 20 m
	0,66 × 10 m
	0,66 × 20 m
	0,91 × 10 m
	0,91 × 20 m
	1,10 × 20 m
	1,57 × 20 m
Rollen 110/115 g/m²	0,66 × 10 m
	0,66 × 20 m
	0,91 × 20 m

und der Papiergewichte:

Papier	7 g/m² bis 150 g/m²
Karton	150 g/m² bis 600 g/m²
Pappe	ab 600 g/m²

Nachdem die Skizzen zufriedenstellend ausgefallen sind und in der Folge auf ihren Realitätsgehalt überprüft werden sollen, sind dickere Papiere ab 60 g/m² gefragt. Hochtransparente Papiere sind für technische ZeichnerInnen und andere DarstellerInnen aus Architektur, Bauwesen, Landschaftsplanung etc. ebenso interessant wie für Künstler und Bastler. Sie sind ideal für konturenscharfe und kontrastreiche Zeichnungen, eignen sich für Lichtpaus- und Kopierverfahren und sind im Inkjet-, Laser- und Offsetverfahren bedruckbar. Hier offenbart sich der große Vorteil der transparenten Papiere:
Ihre Transparenz und damit verbundene »Durchpausfähigkeit«.

Was Sie vorher skizziert oder bereits maßstabsgetreu »aufgerissen« (aufgezeichnet) haben, kann nun bequem durchgezeichnet werden. Eine Technik, die heute als »Ebenentechnik«, neudeutsch »Layertechnik«, in CAD-Programmen zur Anwendung kommt.

Die für finale Zeichnungen geeigneten Papierdicken, oder -gewichte liegen zwischen ca. 60 und 150 g/m². Darüber hinaus spricht man bereits vom Karton.

Opakes Zeichenpapier

Leuchttische

Diese »transparente« Qualität fehlt den opaken Zeichenpapieren, das heißt, dass Sie Ihre Zeichnung nicht ohne Weiteres »durchpausen/durchzeichnen« können. Hier hilft nur ein Leuchttisch, also eine Einrichtung, die unter einer transluzenten Glasplatte (Milchglas) entsprechende Leuchtmittel (Leuchtstoffröhren/LED) hat, die opake Zeichenkartone durchleuchten und das »Durchzeichnen/Durchpausen« ermöglichen – ein professionelles und kostspieliges Hilfsmittel, das vor allem in Druckereien und/oder Fotostudios zu finden ist. Eine einfachere Version besteht aus einer Glasplatte auf zwei Tischböcken, unter die man eine Leuchte (Zeichentischleuchte?) positioniert. Eine noch einfachere, aber in der Anwendung etwas mühsame Lösung, stellt der Einsatz eines Fensters dar. Eine an die Fensterscheibe befestigte Originalzeichnung kann entsprechend umständlich durchgepaust werden. Am besten bei Sonnenschein ...

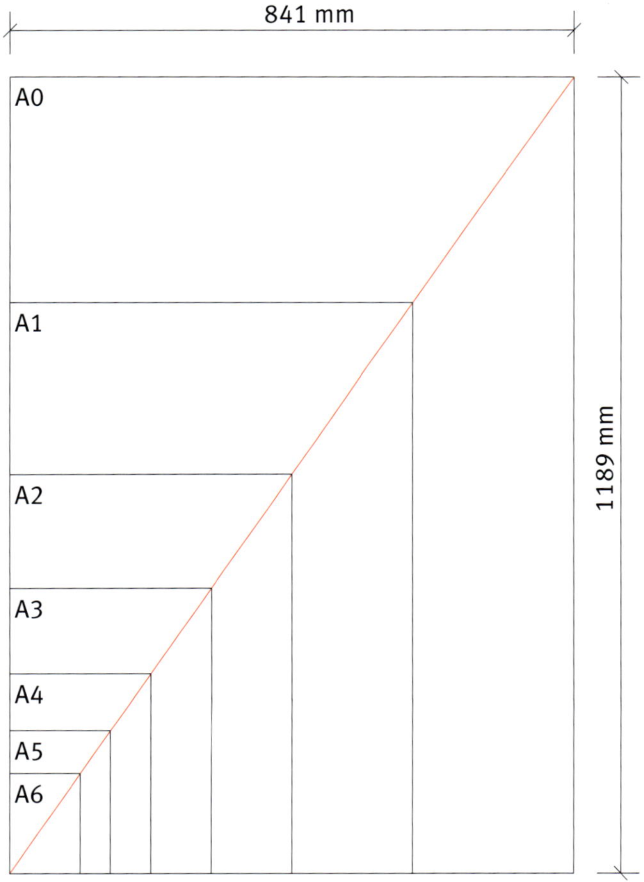

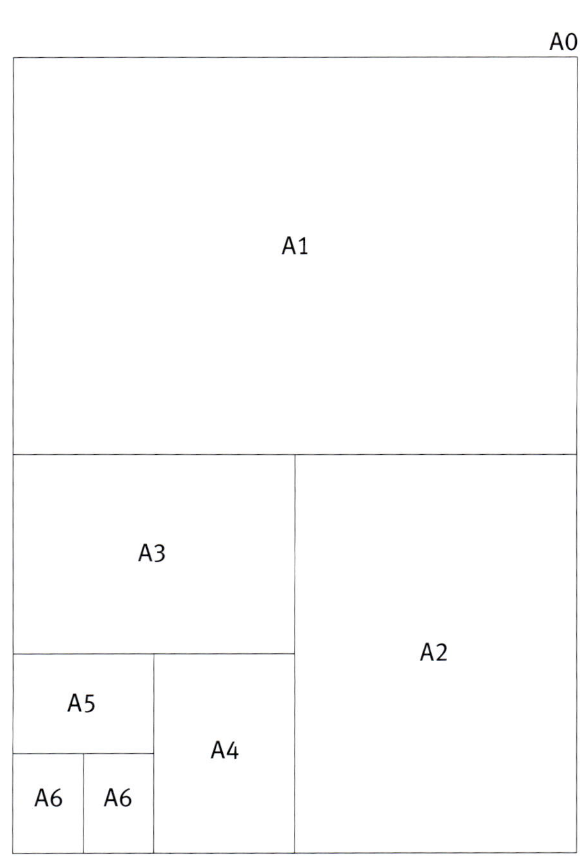

Ausgangsformat der Reihe A ist ein Rechteck x:y mit dem Seitenverhältnis $1:\sqrt{2}$ und einer Fläche von ca. 1 m² – DIN A0. Alle Formate sind dadurch proportional gleich und können durch das Halbieren des nächstgrößeren Formates abgeleitet werden.

Bezeichnung	Reihe A	Reihe B	Reihe C	Reihe D	Benennung
4 × DIN 0	1682 × 2378			nicht im Gebrauch	
2 × DIN 0	1189 × 1682	1414 × 2000			
DIN 0	841 × 1189	1000 × 1414	917 × 1297	771 × 1091	Doppelbogen
DIN 1	594 × 841	707 × 1000	648 × 917	545 × 771	Bogen
DIN 2	420 × 594	500 × 707	458 × 648	385 × 545	Halbbogen
DIN 3	297 × 420	353 × 500	324 × 458	272 × 385	Viertelbogen
DIN 4	210 × 297	250 × 353	229 × 324	192 × 272	Blatt (z. B. A4)
DIN 5	148 × 210	176 × 250	162 × 229	136 × 192	Halbblatt
DIN 6	105 × 148	125 × 176	114 × 162	96 × 136	Viertelblatt (z. B. C6)
DIN 7	74 × 105	88 × 125	81 × 114	68 × 96	Achtelblatt
DIN 8	52 × 74	62 × 88	57 × 81		Sechzehntelblatt
DIN 9	37 × 52	44 × 62	40 × 57		
DIN 10	26 × 37	31 × 44	28 × 40		

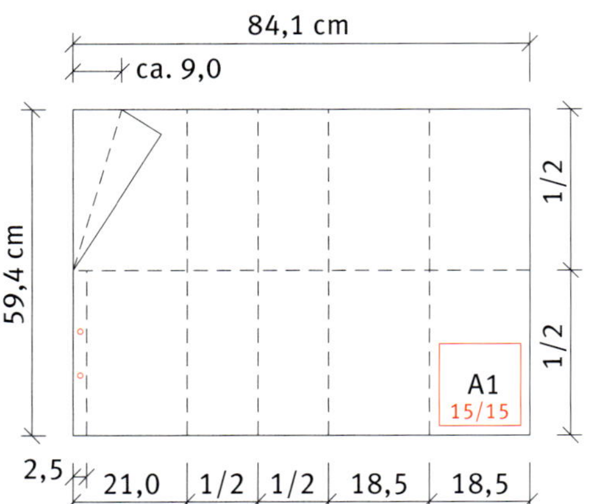

84,1 cm
ca. 9,0
59,4 cm
1/2
1/2
1/2
A1
15/15
2,5
21,0
1/2
1/2
18,5
18,5

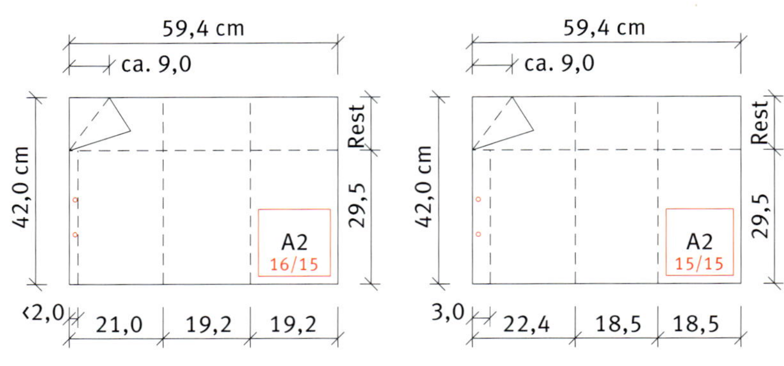

59,4 cm
ca. 9,0
42,0 cm
Rest
29,5
A2
16/15
‹2,0
21,0
19,2
19,2
59,4 cm
ca. 9,0
42,0 cm
Rest
29,5
A2
15/15
3,0
22,4
18,5
18,5

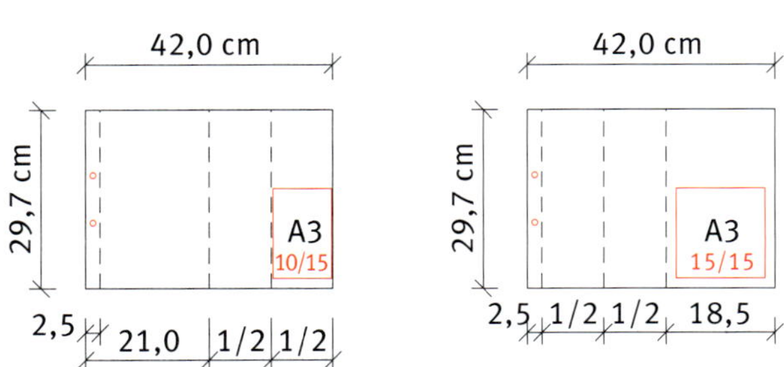

42,0 cm
29,7 cm
A3
10/15
2,5
21,0
1/2
1/2
42,0 cm
29,7 cm
A3
15/15
2,5
1/2
1/2
18,5

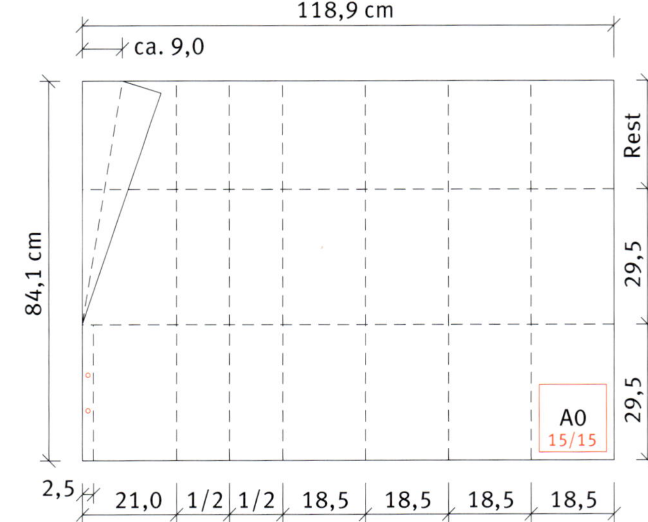

118,9 cm
ca. 9,0
84,1 cm
Rest
29,5
29,5
A0
15/15
2,5
21,0
1/2
1/2
18,5
18,5
18,5
18,5

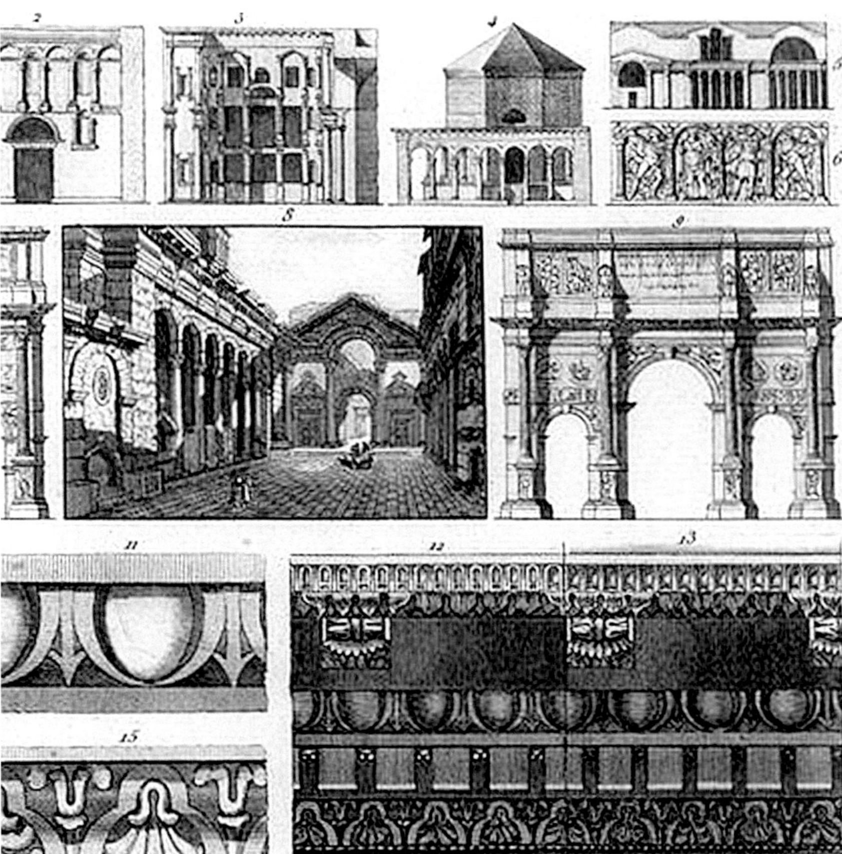

J. B. L. G. Seroux d'Agincourt »Histoire de l'Art …« Paris 1823

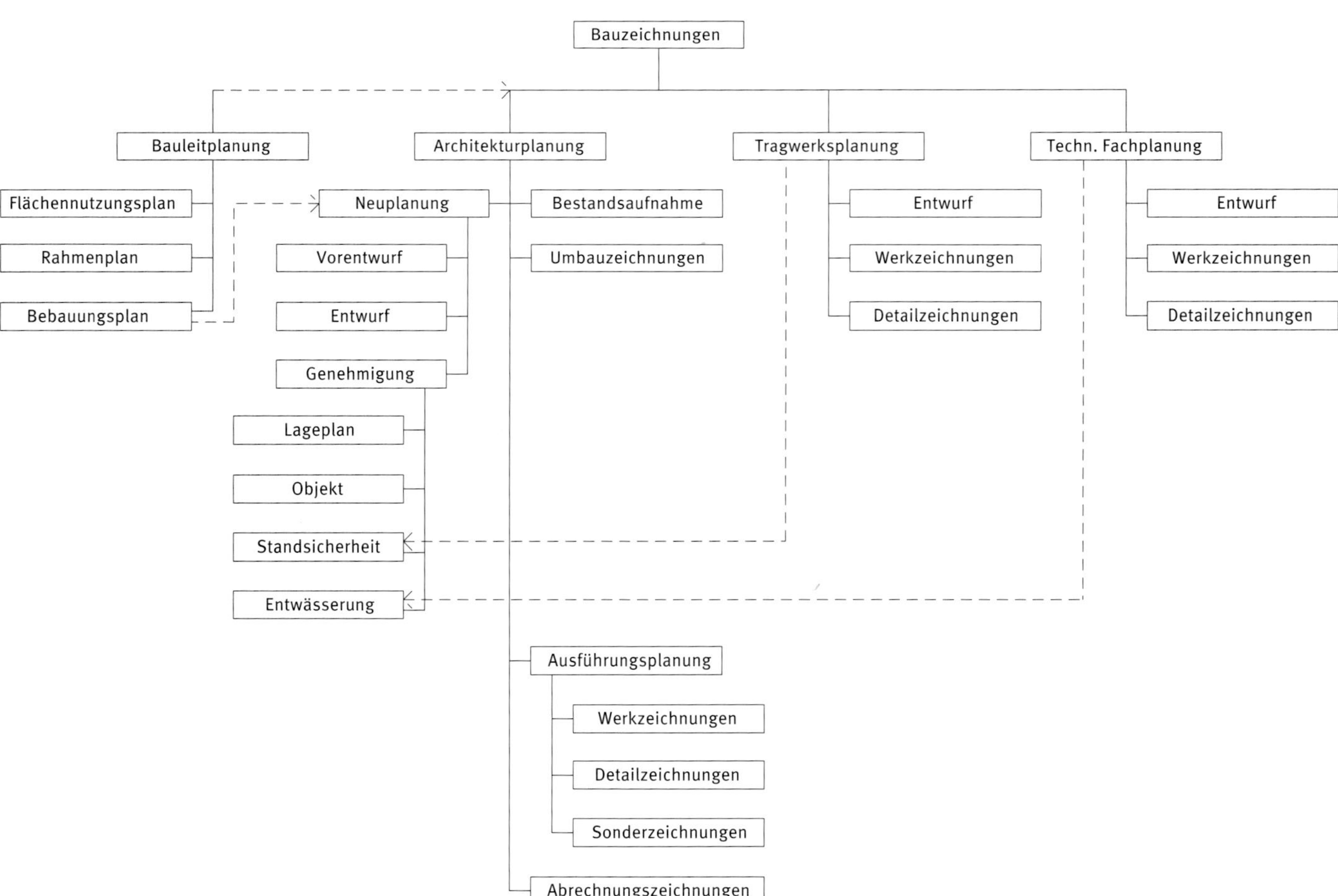

Bauzeichnungen
Bauleitplanung
Architekturplanung
Tragwerksplanung
Techn. Fachplanung
Flächennutzungsplan
Rahmenplan
Bebauungsplan
Neuplanung
Vorentwurf
Entwurf
Genehmigung
Lageplan
Objekt
Standsicherheit
Entwässerung
Bestandsaufnahme
Umbauzeichnungen
Entwurf
Werkzeichnungen
Detailzeichnungen
Entwurf
Werkzeichnungen
Detailzeichnungen
Ausführungsplanung
Werkzeichnungen
Detailzeichnungen
Sonderzeichnungen
Abrechnungszeichnungen

Um ein Haus zu bauen, braucht es sehr vieler Pläne. Das fängt schon bei der Flächennutzungsplanung an, wo »festgezeichnet« und/oder festgeschrieben wird, wo die freie Landschaft bebaut werden kann und wo nicht. Die detaillierten Festlegungen werden dann in einem verbindlichen Bebauungsplan (»fachlich« B-Plan) gemacht. Nach diesen Vorgaben kann sich danach das ganze Heer von Architekten, Statikern und Fachingenieuren, die für die technischen Gebäudekonzepte verantwortlich sind, über die Objektplanung hermachen. Von der Entwurfsplanung geht es über die Genehmigungsplanung, wo von den zuständigen Behörden die Realisierbarkeit des jeweiligen Objektes geprüft wird, bis zur Ausführungsplanung hin. Hier wird die gedachte Geometrie und die technische Ausbildung und Ausstattung des Objektes detailliert festgelegt. Die Architekturplanung wirkt koordinierend und integrierend für die anderen beiden Komponenten: die Tragwerksplanung und die (bau)technische Fachplanung.

In Sonderzeichnungen werden Angaben zu einzelnen Gewerken wie z. B. zu Bodenbelägen oder zur Farbgestaltung festgehalten. In diesen Zeichnungen orientiert sich der Planmaßstab nach der jeweiligen Erfordernis.

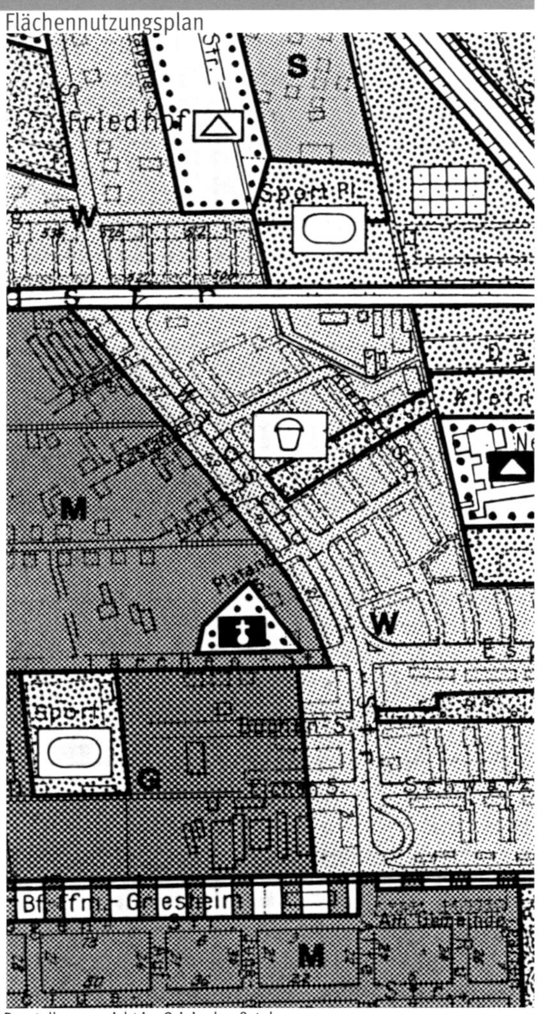

Bestehende Bauflächen
in s/w-Darstellung
mit Rastern und/oder
Grauwerten

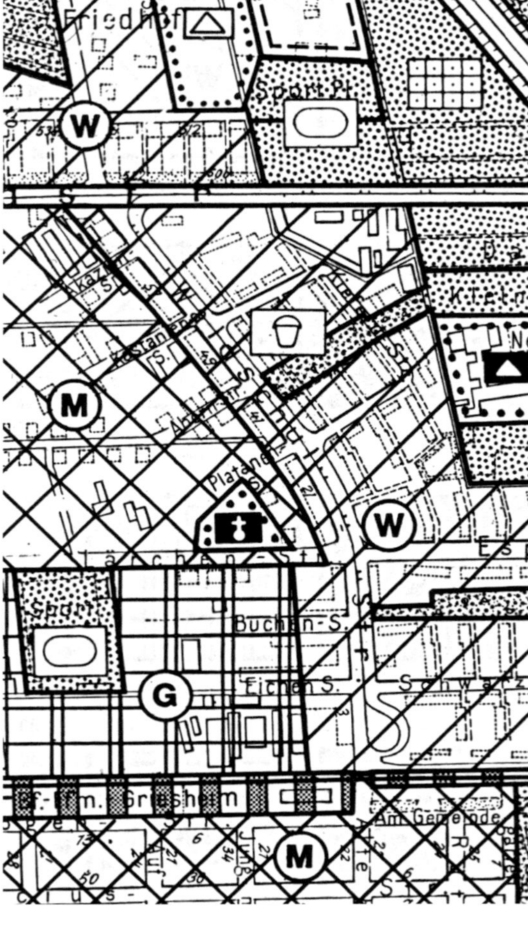

Bestehende Bauflächen
in s/w-Darstellung
mit Schraffuren

Darstellungen nicht im Originalmaßstab

Im Flächennutzungsplan wird für das gesamte Gemeindegebiet die sich aus der beabsichtigten städtebaulichen Entwicklung ergebende Art der Bodennutzung in den Grundzügen dargestellt. Der Flächennutzungsplan ist damit ein vorbereitender Bauleitplan. Dies unterscheidet ihn von Bebauungsplänen (vgl. auch »Bebauungsplan«), die für Teile des Gemeindegebietes aufgestellt werden und verbindliche Regelungen für die Bürger und die Baugenehmigungsbehörden enthalten.

Im Flächennutzungsplan werden z. B. die für die Bebauung vorgesehenen Flächen, Flächen für Verkehrsanlagen, Grünflächen, aber auch die Flächen für die Landwirtschaft und Waldflächen dargestellt und festgelegt. Daneben enthält der Plan Hinweise auf bestehende auf fachgesetzlichen Bestimmungen beruhende Planungen, die sich auf die städtebauliche Entwicklung der Gemeinde auswirken. Dem Flächennutzungsplan ist eine Begründung beizufügen. In der Begründung sind die Ziele, Zwecke und wesentlichen Auswirkungen des Flächennutzungsplans und in einem Umweltbericht die maßgeblichen Belange des Umweltschutzes darzulegen.

Der Flächennutzungsplan wird in einem im Baugesetzbuch (BauGB) gesetzlich geregelten Verfahren aufgestellt. In diesem Verfahren werden sowohl die Bürger als auch Behörden und Träger öffentlicher Belange beteiligt. Flächennutzungspläne können erst in Kraft gesetzt werden, nachdem sie von der zuständigen Behörde genehmigt worden sind.

Dargestellt werden im Flächennutzungsplan beispielsweise:
- *Flächen, die zur Bebauung vorgesehen sind, untergliedert nach Nutzungsarten: Wohnbauflächen (W), gemischte Gebiete (M), gewerbliche Bauflächen (G), Sonderbauflächen (S)*
- *Flächen für Versorgungsanlagen und Gemeinbedarfseinrichtungen (z. B. Kläranlage, Umspannwerk, Kirche, Sportplatz, Kultureinrichtungen)*
- *überörtliche Verkehrsflächen (Autobahnen, Bundesstraßen, Ausfallstraßen)*
- *Grünflächen (z. B. Parks, Kleingärten, Sportplätze, Friedhöfe)*
- *Wasserflächen (z. B. Seen, Häfen, Hochwasserschutzanlagen)*
- *Landwirtschaftliche Flächen und Wald*
- *Flächen für Nutzungsbeschränkungen (z. B. Abstandsflächen)*
- *Flächen für Aufschüttungen, Abgrabungen und zur Gewinnung von Bodenschätzen*
- *Flächen zum Ausgleich von Eingriffen in Natur und Landschaft*

Eine weitere Detaillierung der Darstellungen ist möglich, wird aber in der Regel dem Bebauungsplan überlassen, da der Flächennutzungsplan Übersichtscharakter besitzt. Den maximal möglichen Darstellungen im Flächennutzungsplan entsprechen die Festsetzungen des Bebauungsplans, die in einem abschließenden Katalog in § 9 des Baugesetzbuches festgelegt sind. (Rechtsgrundlagen: §§ 5 bis 7 BauGB)

Quelle: Oberste Baubehörde im bayerischen Staatsministerium des Innern + eigene Ergänzungen/Kürzungen

Generell orientiert sich der Maßstab der Flächennutzungspläne (FNP) an der Größe der Gemarkung und/oder des bearbeiteten Interessenbereiches und der Handlichkeit der Plangröße. Die üblichen Maßstäbe der Plandarstellung liegen bei 1 : 5000. Es werden auch Maßstäbe von 1 : 2000, 1 : 2500, oder 1 : 10000 genutzt. In diesem Zusammenhang muss die Lesbarkeit (Darstellungstiefe, zeichnerische Genauigkeit und Ausgabeschärfe) der Pläne bei Lichtprojektionen und Verkleinerungen in Publikationen etc. beachtet werden.

33

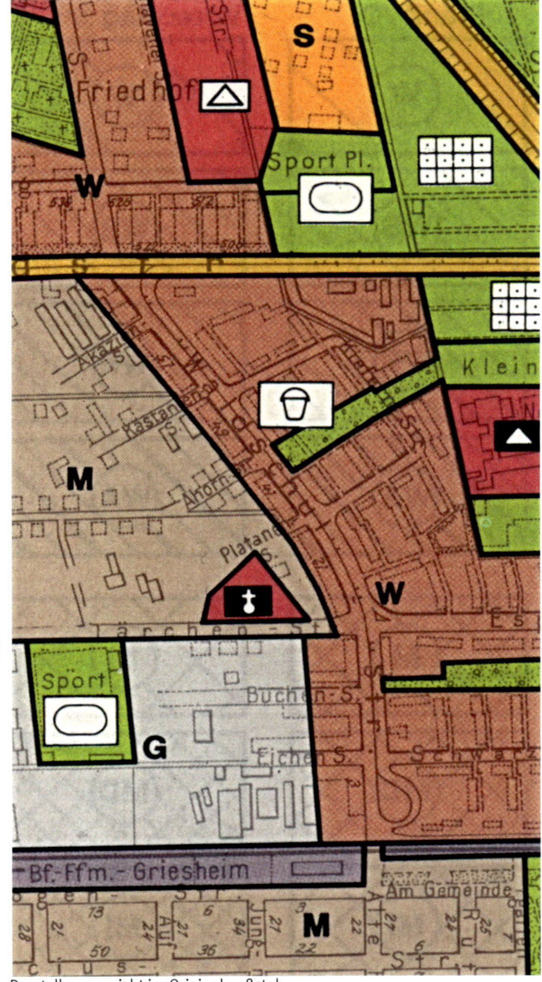

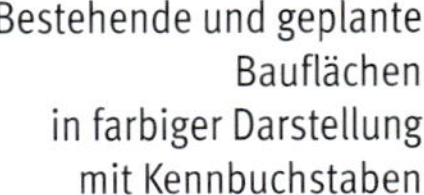

Darstellungen nicht im Originalmaßstab

Bestehende Bauflächen
in farbiger Darstellung
mit Kennbuchstaben

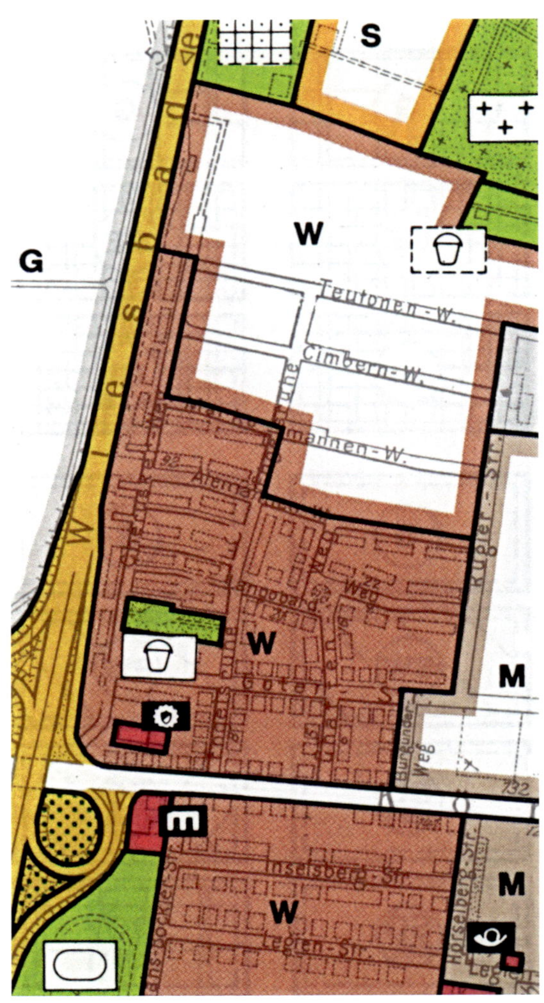

Bestehende und geplante
Bauflächen
in farbiger Darstellung
mit Kennbuchstaben

Abkürzungen / Kennbuchstaben
der verschiedenen Bauflächen nach Baunutzungsverordnung
und Planzeichenverordnung (BauNVO + PlanzV – Anlage 1.)

FN-Plan = Flächennutzungsplan
B-Plan = Bebauungsplan

W	FN-Plan	Wohnbauflächen
WS	B-Plan	Kleinsiedlungsgebiete
WR	B-Plan	reine Wohngebiete
WA	B-Plan	allgemeine Wohngebiete
WB	B-Plan	besondere Wohngebiete
M	FN-Plan	gemischte Bauflächen
MD	B-Plan	Dorfgebiete
MI	B-Plan	Mischgebiete
MK	B-Plan	Kerngebiete
G	FN-Plan	gewerbliche Bauflächen
GE	B-Plan	Gewerbegebiete
GI	B-Plan	Industriegebiete
S	FN-Plan	Sonderbauflächen
SO WOCH	B-Plan	sonstige Sondergebiete (Wochenendhausgebiet)
SO KLINIK	B-Plan	sonstige Sondergebiete (Klinikgebiete)

Bestandsaufnahme – Baubestand

Charakteristische Gebäude

Darstellungen nicht im Originalmaßstab

Der städtebauliche Rahmenplan hat keine gesetzliche Grundlage. Er stellt eine Zwischenstufe zwischen dem Flächennutzungs- und dem Bebauungsplan. Diese Planungsstufe soll dazu beitragen den Prozess der baulichen, nutzungsbezogenen, verkehrstechnischen und freiräumlichen Veränderungen im gegebenen Ortsbereich längerfristig steuern zu können. In diesem Sinne ist der städtebauliche Rahmenplan eine »städtebauliche Entwicklungsplanung«, die sowohl im größeren Maßstab, als Vorstufe zum Flächennutzungsplan, als auch, in kleinerem Maßstab, zum Bebauungsplan gesehen werden kann. Der Aufstellung eines Rahmenplanes muss eine umfassende Bestandsaufnahme der Darstellungsbereiche vorangehen.

Der Inhalt des städtebaulichen Rahmenplans gliedert sich im Allgemeinen in zwei Darstellungsbereiche:

1. *Raumbezogene Inhalte*
    1.1 *räumliches Konzept*
    1.2 *Nutzungskonzept*
    1.3 *Verkehrskonzept*
    1.4 *Freiflächenkonzept*
    1.5 *etc.*

2. *Handlungsbezogene Inhalte:*
    2.1 *sozioökonomisches Konzept*
    2.2 *Durchführungskonzept*
    2.3 *Konzept der Prioritätenfolge*
    2.4 *Kostenschätzung*
    2.5 *etc.*

So stellt dieses Planungsinstrument durch die umfassenden Aussagen in raum-, nutzungs- und handlungsbezogener Sicht, ein anschauliches und wirkungsvolles Mittel für die kurz- und mittelfristige Vorbereitung von städtebaulichen Maßnahmen aller Art dar. Dies gilt nicht nur für Erhaltung und/oder Erneuerung kulturell und historisch wertvoller Bausubstanz, sondern auch für die Vorbereitung der Konzepte von Neubaugebieten aller Arten und Größen.

Bei der grafischen Darstellung, d. h. bei der Wahl der Raster, Schraffuren und Planzeichen sollte auf die Vergleichbarkeit mit den anderen Bauleitplänen (Flächennutzungs- und Bebauungspläne) geachtet werden. Dies betrifft sowohl die schwarz/weiß als auch die farbige Darstellung. Es wird deshalb eine Annäherung an die Flächendarstellungen der Planzeichenverordnung und die Verwendung der dort vorgeschriebenen Planzeichen, auch in weiter entwickelter Form für die jeweiligen Elemente empfohlen.

Quelle: Oberste Baubehörde im bayerischen Staatsministerium des Innern + eigene Ergänzungen/Kürzungen

Der Darstellungsmaßstab eines städtebaulichen Rahmenplans soll sich an der Größe des bearbeiteten Gebietes orientieren. Abgesehen von der Handlichkeit der Planformate sollte sich der Maßstab zwischen 1 : 500 und 1 : 2500 bewegen. Hier muss auch die Lesbarkeit (Darstellungstiefe, zeichnerische Genauigkeit und Ausgabeschärfe) der Pläne bei Lichtprojektionen und Verkleinerungen in Publikationen beachtet werden.

Auch aufgrund fehlender gesetzlichen Grundlage für die städtebauliche Rahmenplanung gibt es keine einheitliche Planzeichenregelung. Dies gilt für die flächigen Kennzeichnungen und noch mehr für die punktuellen und linearen Symbole. Trotz dieser »Freiheiten« ist es sinnvoll, sich über die gängigen Planzeichen zu informieren und sie gegebenenfalls zu übernehmen.

Beachten Sie hier bitte auch die grafische Darstellung klassischer Sattel-, Walm- und Krüppelwalmdächer. Die räumliche Wirkung wird durch unterschiedliche Dichte der Schraffuren für Dachflächen erreicht. Die (doppelt) dichtere Schraffur soll auf der Nord- und der Ostseite verwendet werden. Dies korrespondiert mit dem Schattenfall nach Nord-Osten.

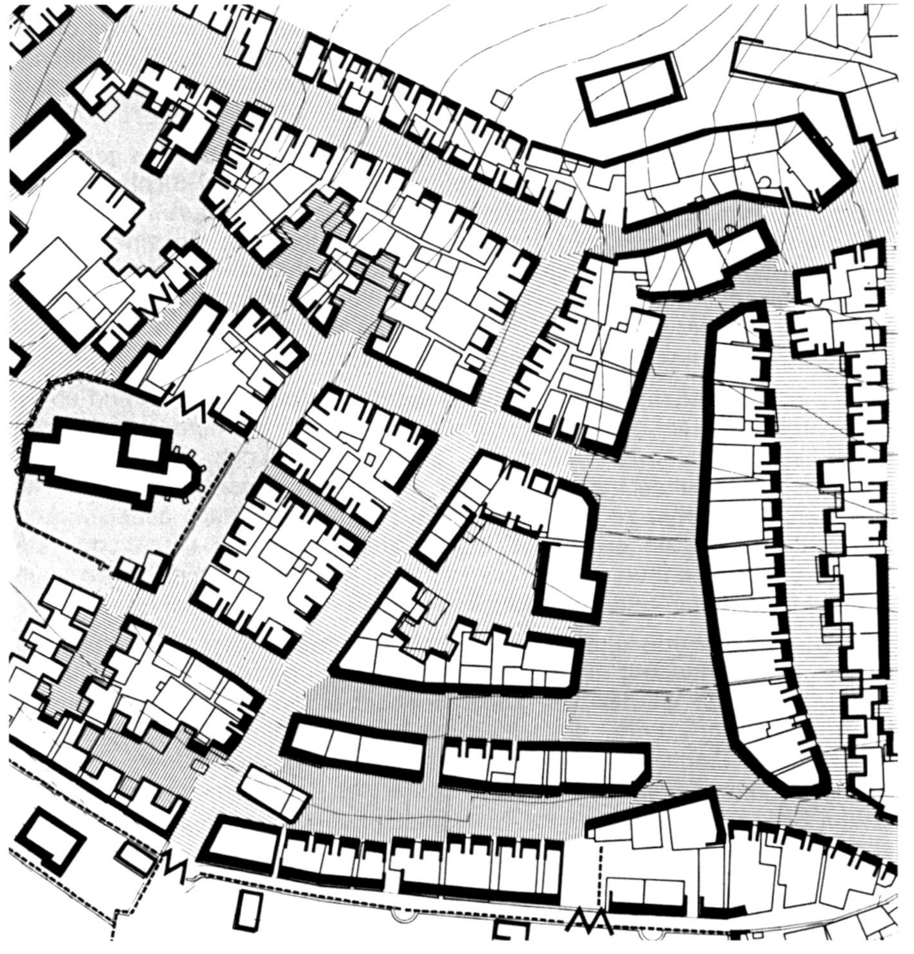

Darstellungen nicht im Originalmaßstab

Planung – Räumliches Konzept

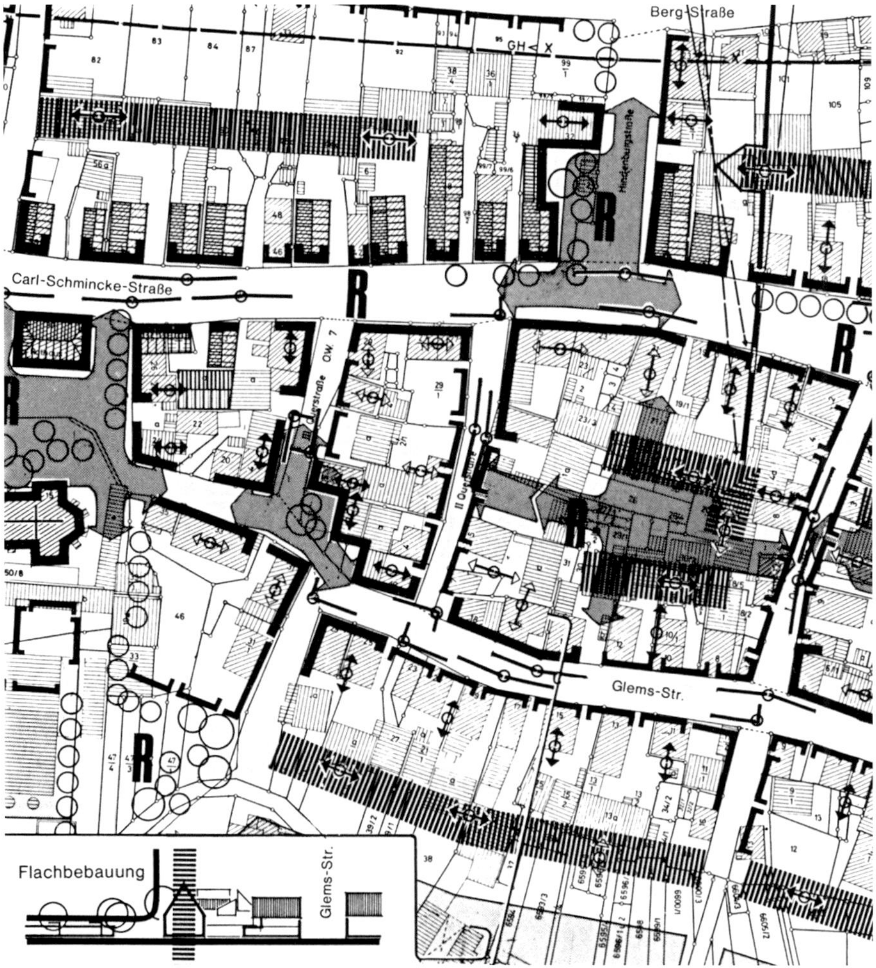

	Geschlossene Raumkante festgesetzt
	Geschlossene Raumkante variabel
	Unterbrochene Raumkante festgesetzt
	Unterbrochene Raumkante variabel
	Bereich für hofbildende Raumkante
	Gebäude zu erhalten
	Firstrichtung festgesetzt
	Firstrichtung vorgeschlagen
	Knickung, Umlenkung
	Versatz
	Raumgliederung durch Bäume
R	Raumgliederung durch Straßenbelag, Straßenmöbel, Pflanzung
	Platzräume, Raumformen

Darstellungen nicht im Originalmaßstab

Planung – Verkehrskonzept

Sammelstraße

Anliegerstraße

Öffentliche Sammelparkierung

Private Sammelparkierung

Bushaltestelle

Fußgängerrichtungen

Fußgängerbereich

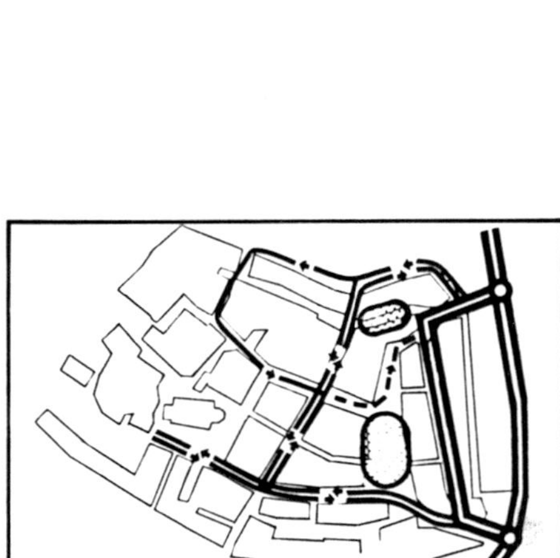

Darstellungen nicht im Originalmaßstab

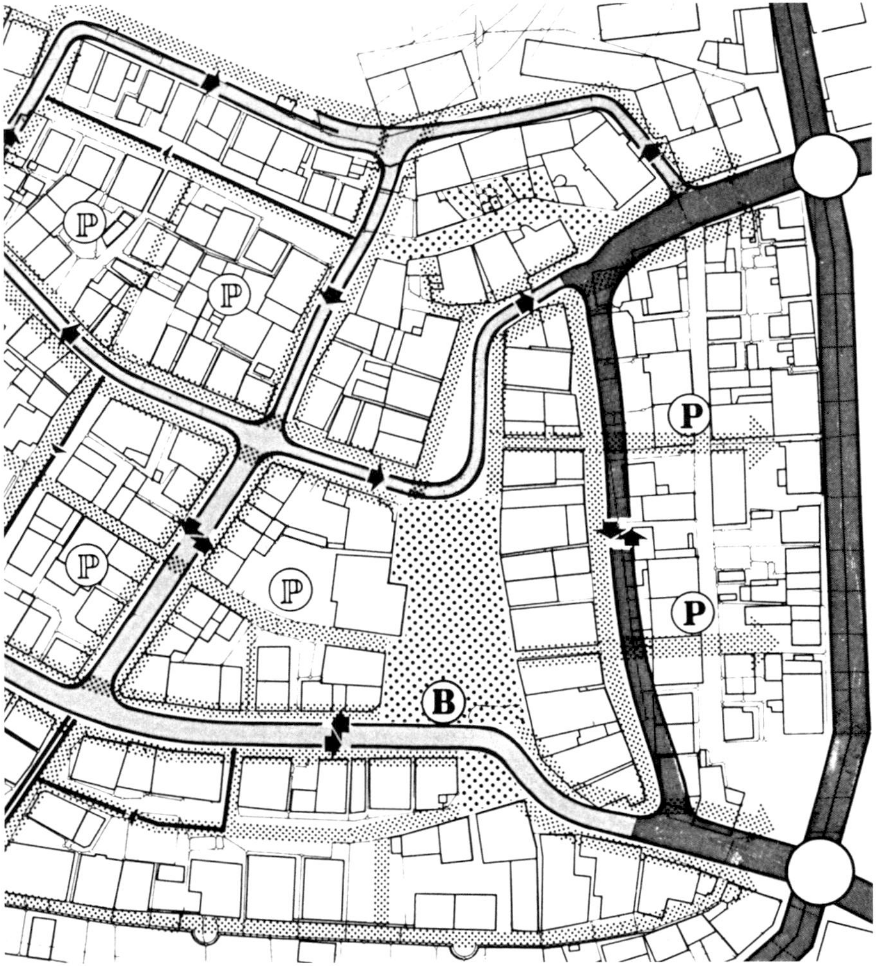

Planung – Nutzungskonzept

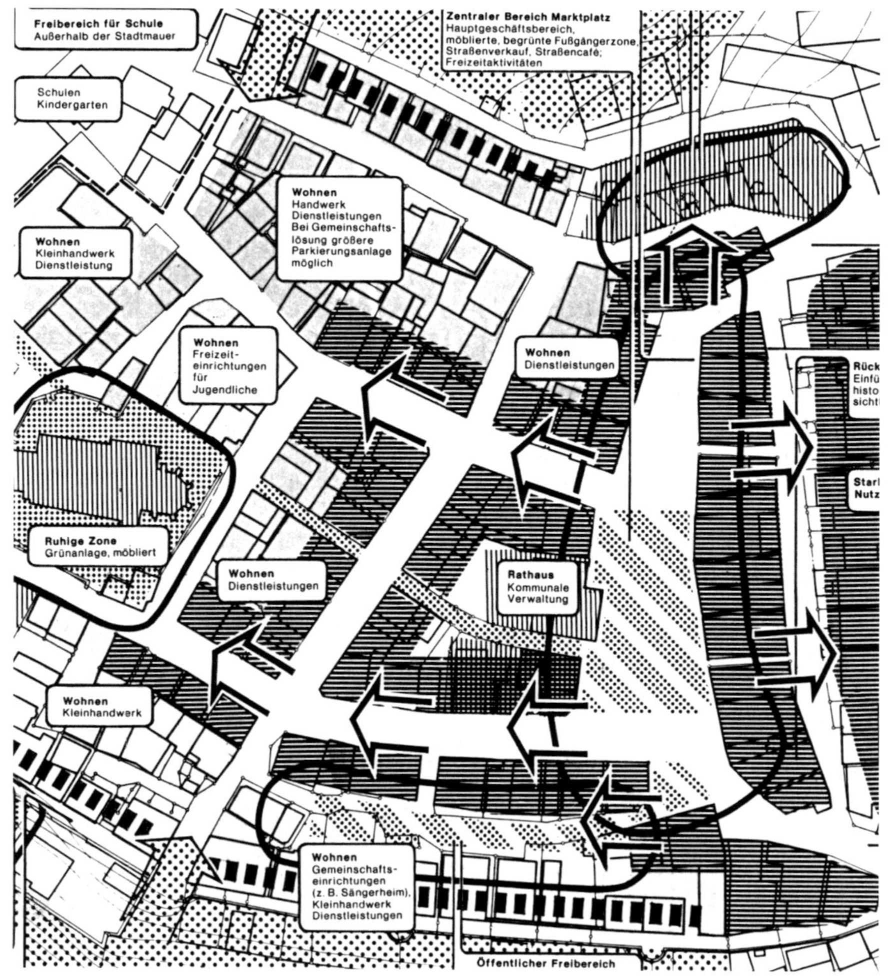

EG: Einzelhandel, Dienstleistungen
OG: Büros, Wohnungen

Vorwiegend Wohnen

Sonstige Nutzungen

Wohnanlage mit Aussicht

Grünzone

Besonders gestaltetes Grün (Park)

Straßenmöblierung zum Teil durch Bepflanzung

Charakteristische Bereiche besonderer Bedeutung

Aktivitätsausdehnung Marktplatz

Darstellungen nicht im Originalmaßstab

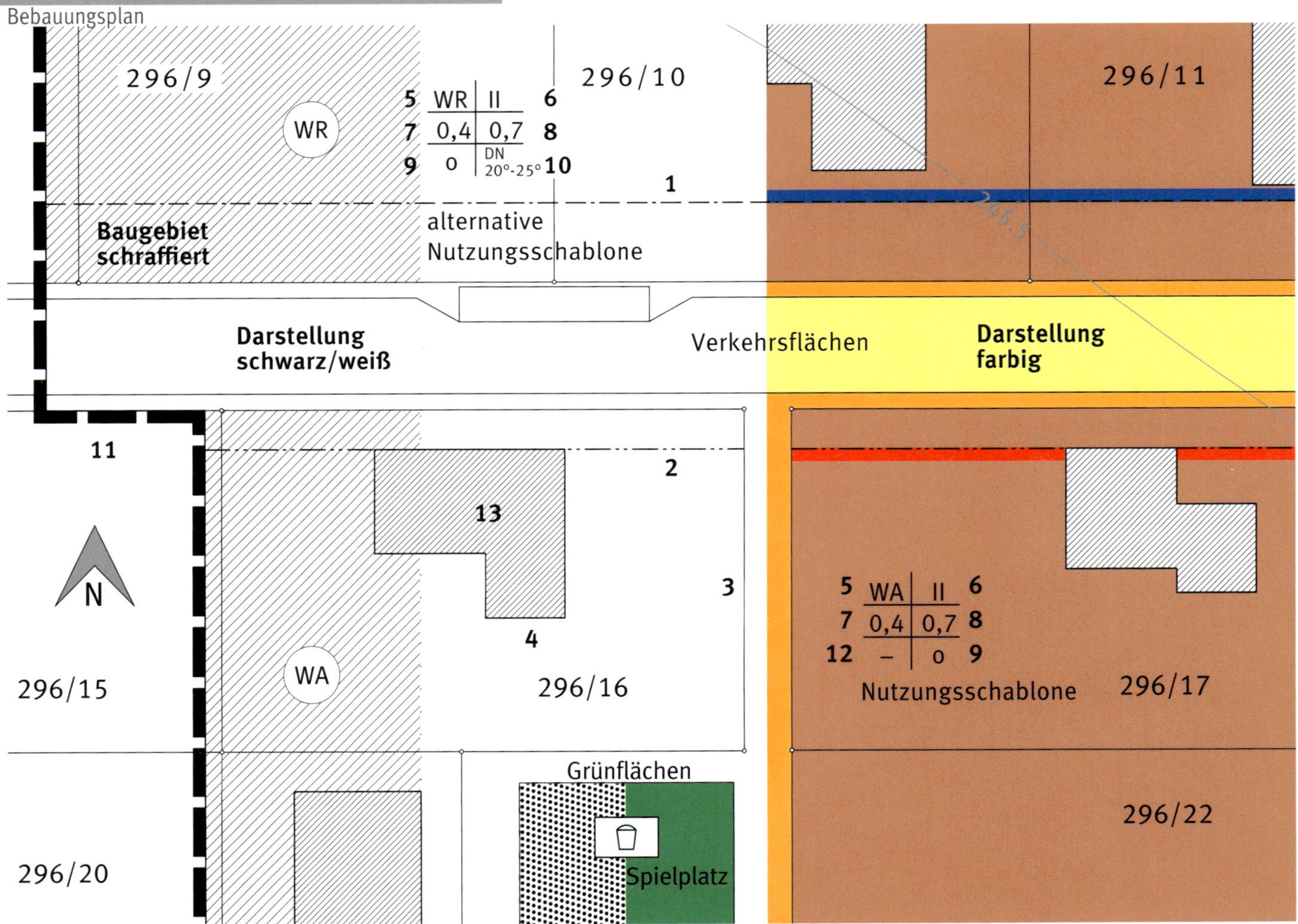

Darstellungen nicht im Originalmaßstab

Nach dem Baugesetzbuch (BauGB) sind die Gemeinden berechtigt und verpflichtet, Bauleitpläne aufzustellen. Es gibt zwei Arten von Bauleitplänen:
- Der Flächennutzungsplan, der das gesamte Gemeindegebiet umfasst, für den Bürger aber noch keine verbindlichen Festsetzungen trifft (vgl. hierzu auch »Flächennutzungsplan«).
- Der Bebauungsplan, der aus dem Flächennutzungsplan entwickelt wird und sich auf Teile des Gemeindegebiets beschränkt. Er enthält für die Bürger und die Baubehörden verbindliche Festsetzungen und regelt, wie die Grundstücke bebaut werden können.

Bebauungspläne sind grundsätzlich aus dem Flächennutzungsplan zu entwickeln; dies bedeutet, dass zwischen Bebauungsplan und Flächennutzungsplan kein wesentlicher inhaltlicher Widerspruch bestehen darf. Im Bebauungsplan können Festsetzungen erfolgen z. B. über die Art und das Maß der vorgesehenen baulichen Nutzung, über überbaubare Grundstücksflächen, die Stellung baulicher Anlagen, aber auch z. B. über öffentliche und private Grünflächen, Verkehrsflächen. Daneben können z. B. auch Regelungen über das Anpflanzen von Bäumen, Sträuchern und anderen Bepflanzungen getroffen werden. Man unterscheidet zwischen dem qualifizierten, dem vorhabenbezogenen und dem einfachen Bebauungsplan:
- Ein qualifizierter Bebauungsplan liegt dann vor, wenn der Bebauungsplan mindestens Festsetzungen über die Art und das Maß der baulichen Nutzung, die überbaubaren Grundstücksflächen und die örtlichen Verkehrsflächen enthält. Liegt ein Baugrundstück im Geltungsbereich eines qualifizierten Bebauungsplans, ist ein Bauvorhaben bauplanungsrechtlich zulässig, wenn es den Festsetzungen des Bebauungsplans nicht widerspricht und die Erschließung gesichert ist.
- Vorhabenbezogene Bebauungspläne können von den Gemeinden auf der Grundlage eines von einem (privaten) Vorhabenträger mit der Gemeinde abgestimmten Vorhaben- und Erschließungsplans aufgestellt werden. Voraussetzung ist, dass der Vorhabenträger zur Durchführung des Vorhabens und der Erschließungsmaßnahmen bereit und in der Lage ist und sich in einem Durchführungsvertrag zur Durchführung der Maßnahmen verpflichtet. Auch im Geltungsbereich eines vorhabenbezogenen Bebauungsplans sind Vorhaben planungsrechtlich zulässig, wenn sie dem Bebauungsplan nicht widersprechen und die Erschließung gesichert ist.
- Einfache Bebauungspläne sind solche, die weder die Voraussetzungen eines qualifizierten noch eines vorhabenbezogenen Bebauungsplans erfüllen. Sie regeln die bauplanungsrechtliche Zulässigkeit von Bauvorhaben grundsätzlich nicht abschließend.

Bebauungspläne sind gemeindliche Satzungen, also Rechtsnormen. Sie werden in einem im BauGB im Einzelnen geregelten Verfahren aufgestellt, das unter anderem eine Beteiligung der Bürger vorsieht.

Der Darstellungsmaßstab eines Bebauungsplans liegt in der Regel bei 1 : 500. In besonderen Fällen wie in Sanierungsgebieten oder Bereichen mit großer Baudichte sind größere Maßstäbe wie 1 : 250 oder 1 : 200 empfehlenswert. Kleinere Maßstäbe, 1 : 1000 und ≥ 1 : 2500, können nur bei lockerer Bebauung und/oder in ländlichen Gemeinden Verwendung finden. In diesem Zusammenhang muss die Lesbarkeit (Darstellungstiefe, zeichnerische Genauigkeit und Ausgabeschärfe) der Pläne bei Lichtprojektionen und Verkleinerungen in Publikationen etc. beachtet werden.

1	Baugrenze
2	Baulinie
3	Grundstücksgrenze
4	Flurstücksnummer
5	Art der baulichen Nutzung
6	Anzahl der Vollgeschosse
7	Grundflächenzahl – GRZ
8	Geschossflächenzahl – GFZ
9	Bauweise
10	Dachneigung
11	Grenze des Bebauungsplanes
12	Baumassenzahl – BMZ
13	(Wohn)Gebäude

Quelle: Oberste Baubehörde im bayerischen Staatsministerium des Innern + eigene Ergänzungen/Kürzungen

Flächen für den
Gemeinbedarf

WR

MI

WR

0.25

1.8   o

n. überb. Fl.

WR

WR

0.25

2.0   o

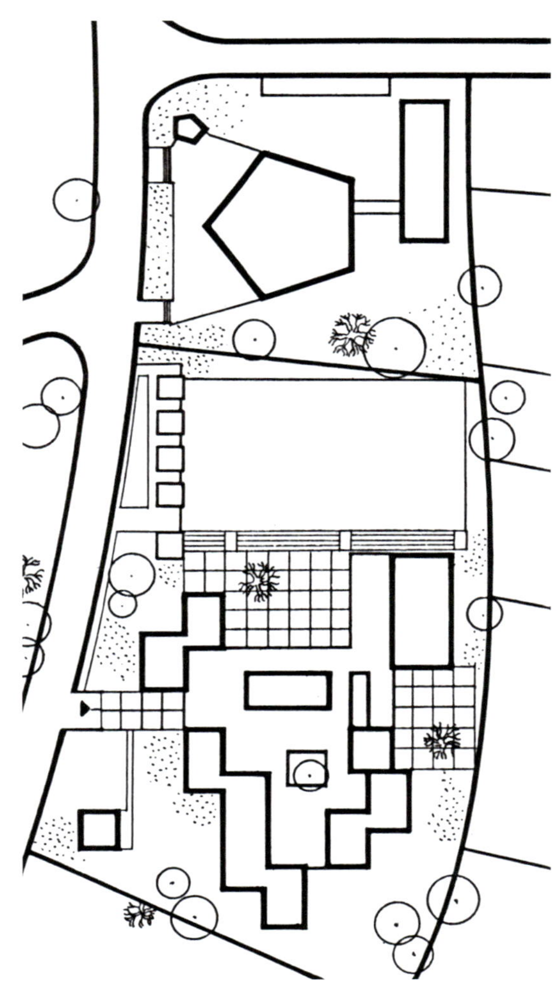

Flächen für den
Gemeinbedarf –
»Testentwurf«

Darstellungen nicht im Originalmaßstab

Nutzungsschablone

Baugebiet	Zahl der Vollgeschosse
Grund-flächenzahl (GRZ)	Geschoss-flächenzahl (GFZ)
Baumassenzahl (BMZ)	Bauweise
z. B. Höchst-zahl der Wohnungen	

Nutzungsschablone – Variante

Baugebiet	Zahl der Vollgeschosse	
Grund-flächenzahl (GRZ)	Geschoss-flächenzahl (GFZ)	oder Bau-massenzahl (BMZ)
Bauweise	Dachform + Dach-neigung	

Wie alle Bauleitpläne müssen auch Bebauungspläne »genordet« sein, d. h. die obere Kante des Planes zeigt nach Norden.

Die Nutzungsschablonen sind ein fester Bestandteil der B-Pläne. In ihnen wird neben anderem, obwohl das nicht deren Inhalt sein soll, ab und zu die Dachform und die Dachneigung angegeben. Dies ist ein aus der Praxis hergeleiteter Brauch, der zweifelsohne eine nachvollziehbare Sinnfälligkeit besitzt.

Vorentwurfsskizzen

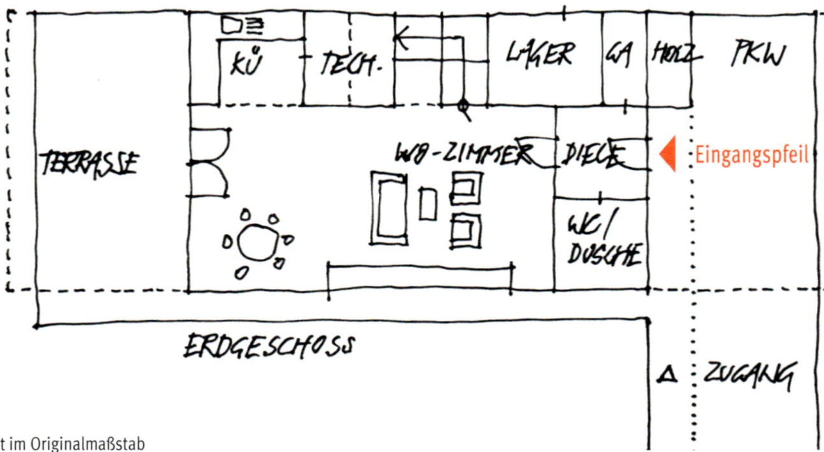

Darstellungen nicht im Originalmaßstab

Vorentwurfsskizzen

Die ersten formalen und funktionalen Gedanken zu einer Bauaufgabe werden in der Regel in Skizzenform aufs Papier notiert. Der Maßstab orientiert sich nach der durch das Raumprogramm vorgegebenen Flächenausdehnung. Bei einem Bauwerk (Gebäude) sind die Maßstäbe von 1 : 1000 bis 1 : 200 üblich. Wenn Sie aber z. B. eine neue Türklinke konzipieren, wird der Zeichenmaßstab irgendwo in der Gegend von 1 : 1 sein …

Zu einer Vorentwurfskizze sollte neben dem Konzept der funktionalen Zuordnung der einzelnen Räume und/oder Bereiche zueinander auch die Einbindung der baulichen Anlage(n) in ihre Umgebung gehören. Die Regulative hierzu ist der jeweilige Bebauungsplan oder der § 34 des Baugesetzbuches.

Die in der Folge aufgeführten Planungsstufen (siehe dazu auch § 15 HOAI – Honorarordnung der Architekten und der Ingenieure):

- Vorentwurfsskizzen
- Vorentwurf
- Entwurf
- Genehmigungsplanung
- Ausführungsplanung

sollen die stufenweise fortschreitende Darstellungstiefe – den Detaillierungsgrad der Inhalte abbilden und vermitteln.

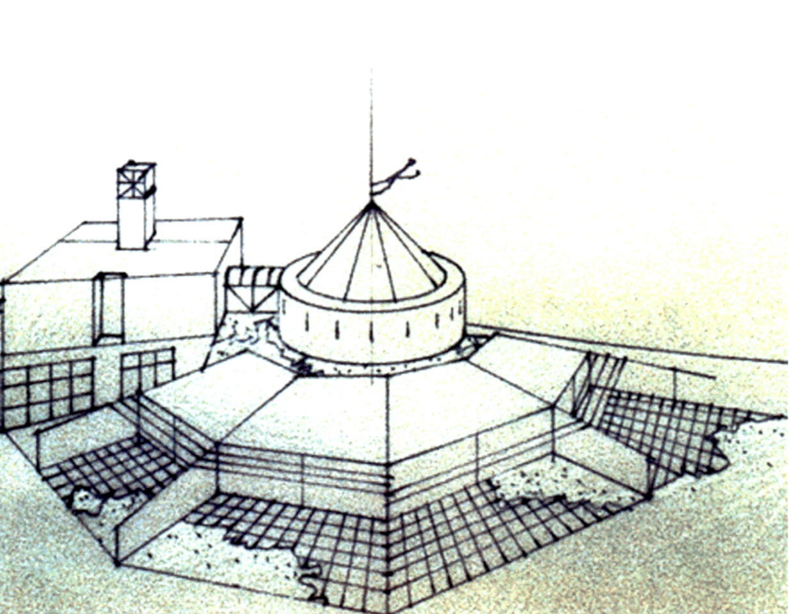

Vorentwurf

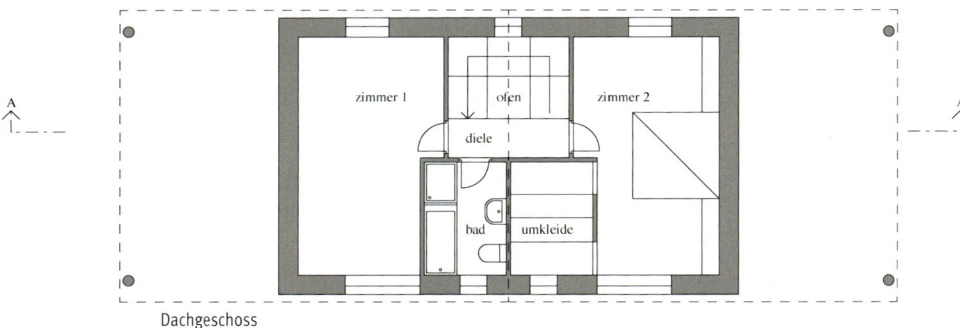

Dachgeschoss

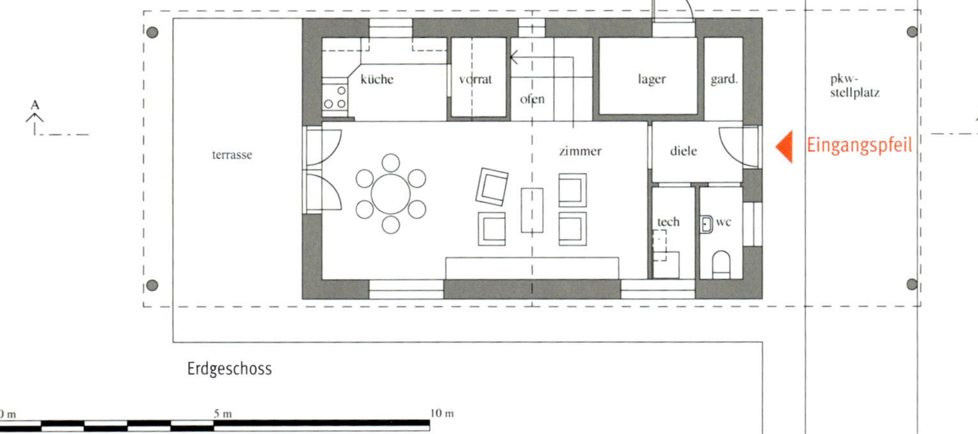

Erdgeschoss

0 m   5 m   10 m

Darstellungen nicht im Originalmaßstab

Vorentwurf

Die Vorentwurfszeichnungen können noch in Skizzenform gefertigt sein. Nach Art und Umfang der Bauaufgabe sind sie im Maßstab 1 : 500/1 : 200 darzustellen. In diesen Skizzen sollen die Gebäudeform, die Baumasse und nach Bedarf die konstruktive Lösung ablesbar sein. Das heißt, dass nicht nur Grundrisse, sondern auch Schnitte, Ansichten und räumliche Darstellungen erforderlich sind. Diese können, oder besser sollen, mit einem Arbeitsmodell ergänzt werden. Beachten Sie dazu, dass die Auftraggeber in der Regel Laien sind und eine »materialisierte« Darstellung ihrer Vorstellungen, die sie im Gegensatz zu CAD-Visualisierungen an- und erfassen können, nachhaltig dienlich ist.

Um die Maßstäblichkeit nachvollziehbar zu machen, ist in dieser Planungsstufe ein grafischer Maßstab sinnvoll. Denken sie hier auch an die Kennzeichnung des (Haupt)Eingangs/der (Haupt)Eingäne mit dem sogenannten »Eingangspfeil«. Aus grafischer Sicht muss er nicht unbedingt rot sein, aber jedenfalls so gestaltet, dass er als solcher erkennbar ist …

Vorentwurf

Südansicht   Ostansicht 1

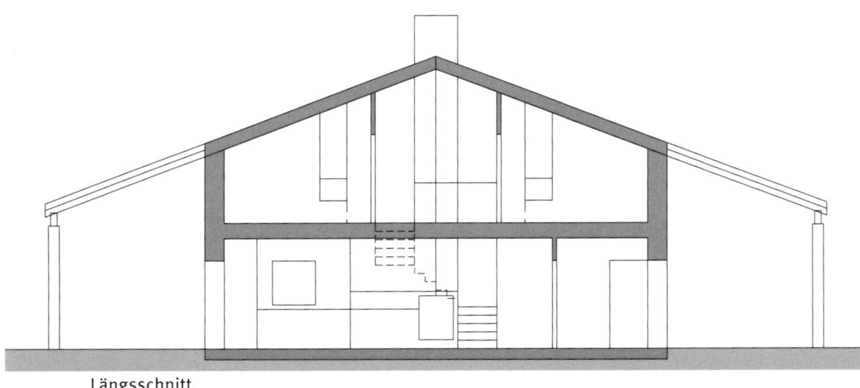

Längsschnitt

0 m   5 m   10 m

Darstellungen nicht im Originalmaßstab

Vorentwurf / Arbeitsmodell

Entwurf

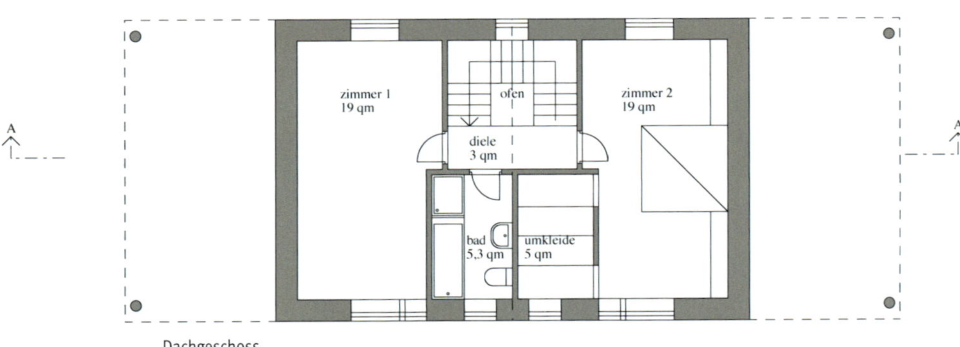

Dachgeschoss

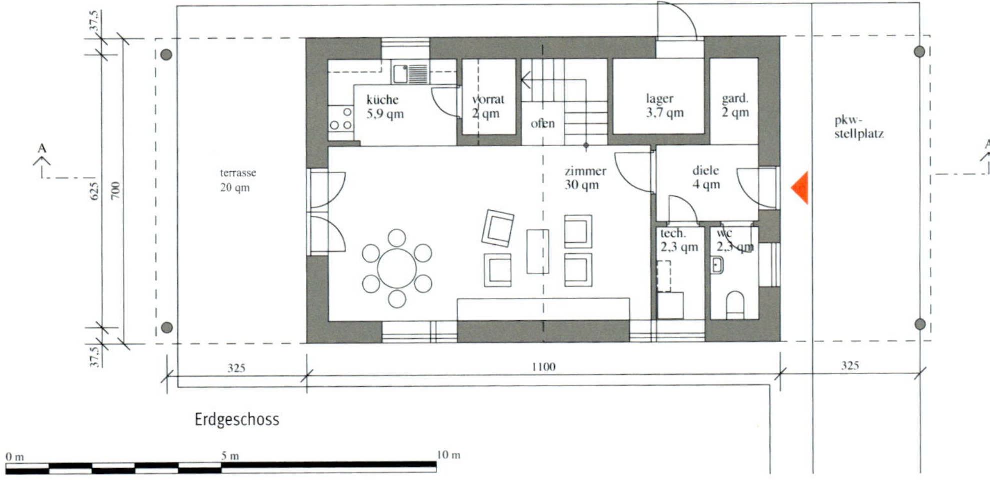

Erdgeschoss

Darstellungen nicht im Originalmaßstab

Entwurf

Die Entwurfszeichnungen sollen bereits in »maßhaltiger« Art und Weise gefertigt sein. Das heißt, mit Werkzeugen gefertigt sein, die eine maßgenaue Darstellung gewährleisten. Nach Art und Umfang der Bauaufgabe sind sie im Maßstab 1 : 200/1 : 100 darzustellen. Die »grobe« Bemaßung kann auch mit grafischem Maßstab ergänzt werden.

Es sollen hier die Gebäudeform, die Baumasse und die konstruktive Lösung ablesbar sein. Das bedeutet, dass nicht nur Grundrisse, Schnitte und Ansichten sondern auch räumliche Darstellungen und gegebenenfalls Detailskizzen zu besonderen Teil-Lösungsabsichten erforderlich sind.

Spätestens in dieser Planungsphase ist auch eine Lageplanskizze im M 1 : 500/1 : 1000 anzufertigen. Hier sind die Einbindung in die Umgebung, die Fuß- und Fahrerschließung darzustellen und die Himmelsrichtungen anzugeben. Denken Sie dabei immer daran, dass der Lageplan, wie es in den Katasterplänen die Regel ist, nach Möglichkeit so zu drehen ist, dass NORDEN oben liegt.

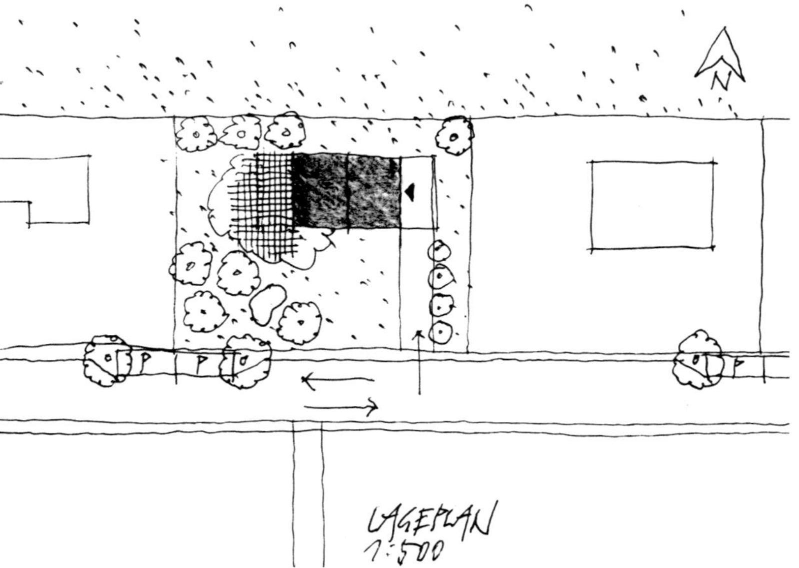

Darstellungen nicht im Originalmaßstab

53

Entwurf

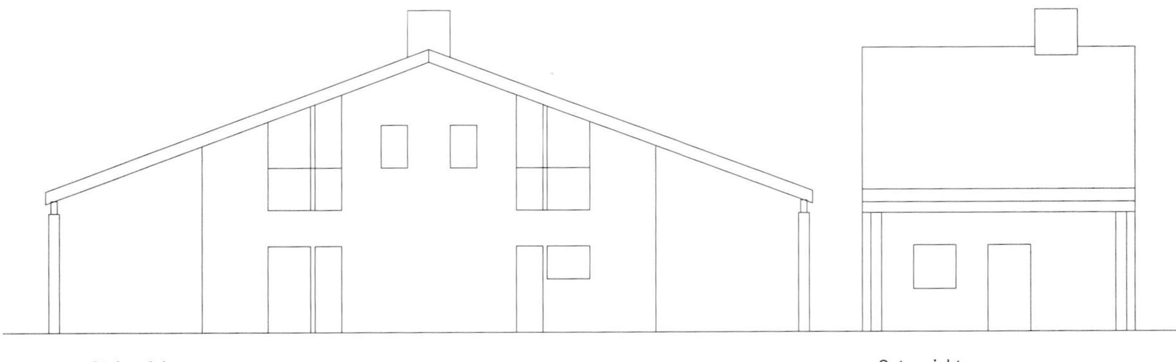

Südansicht

Ostansicht

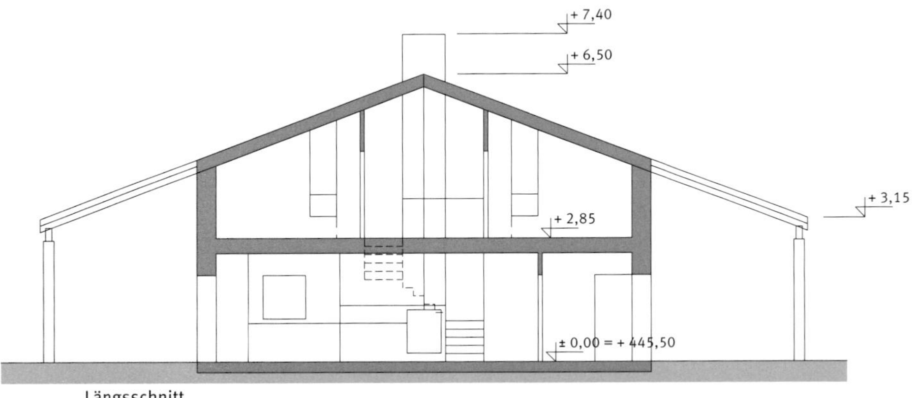

Längsschnitt

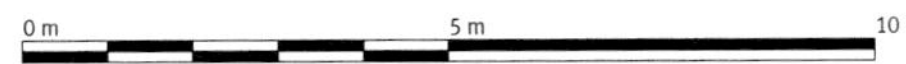

Darstellungen nicht im Originalmaßstab

Entwurf

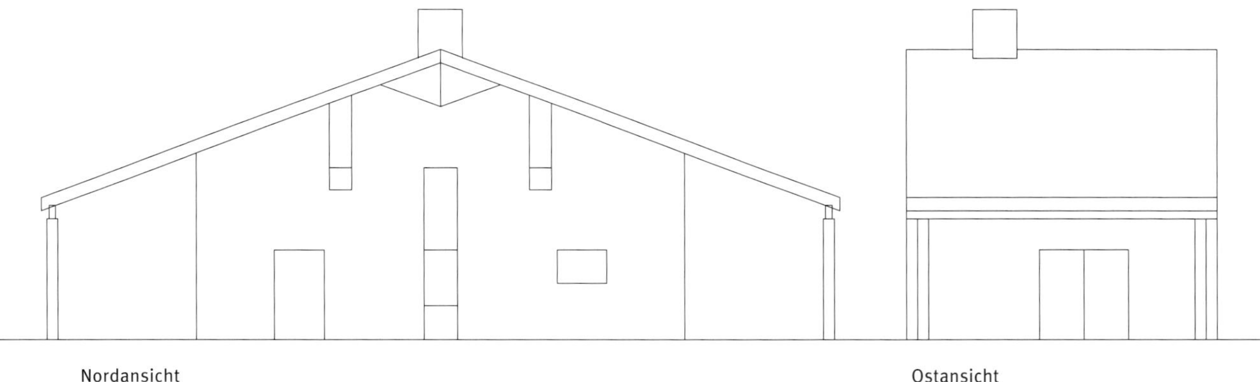

Nordansicht

Ostansicht

0 m   5 m   10 m

Darstellungen nicht im Originalmaßstab

Bauantrag

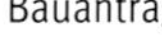

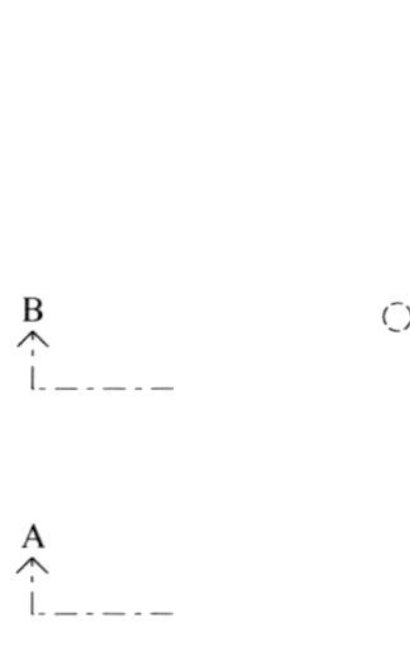

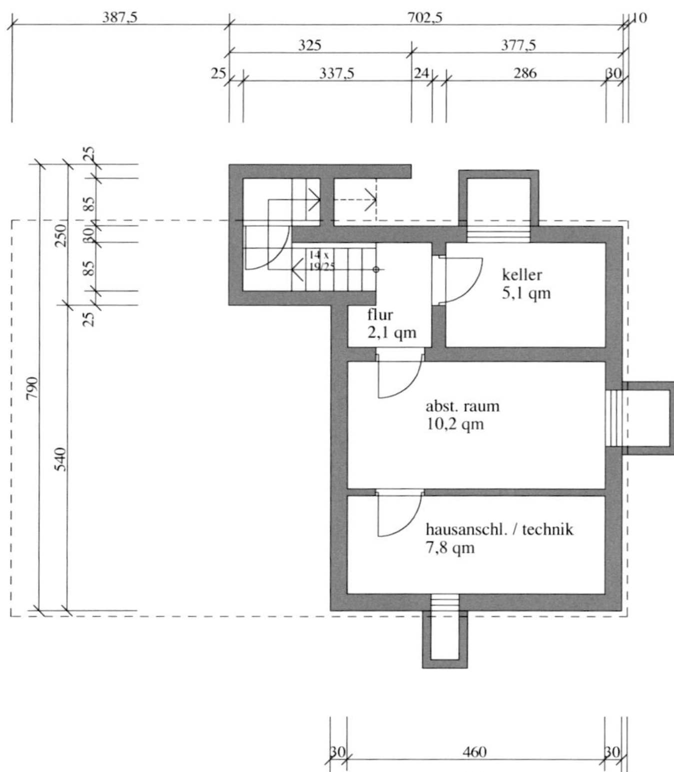

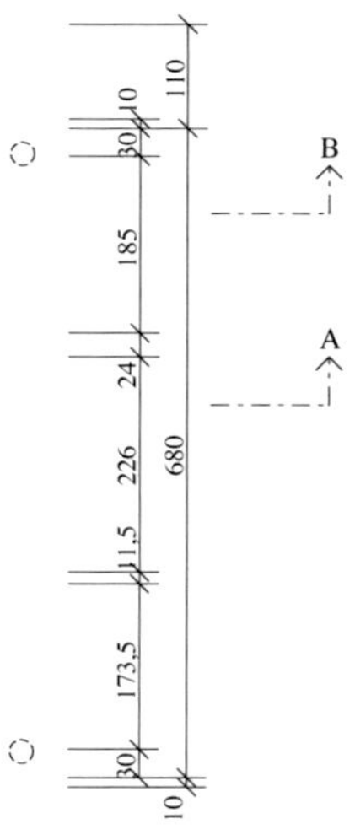

Untergeschoss

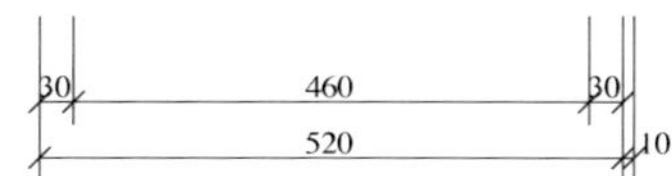

Darstellungen nicht im Originalmaßstab

Bauantrag

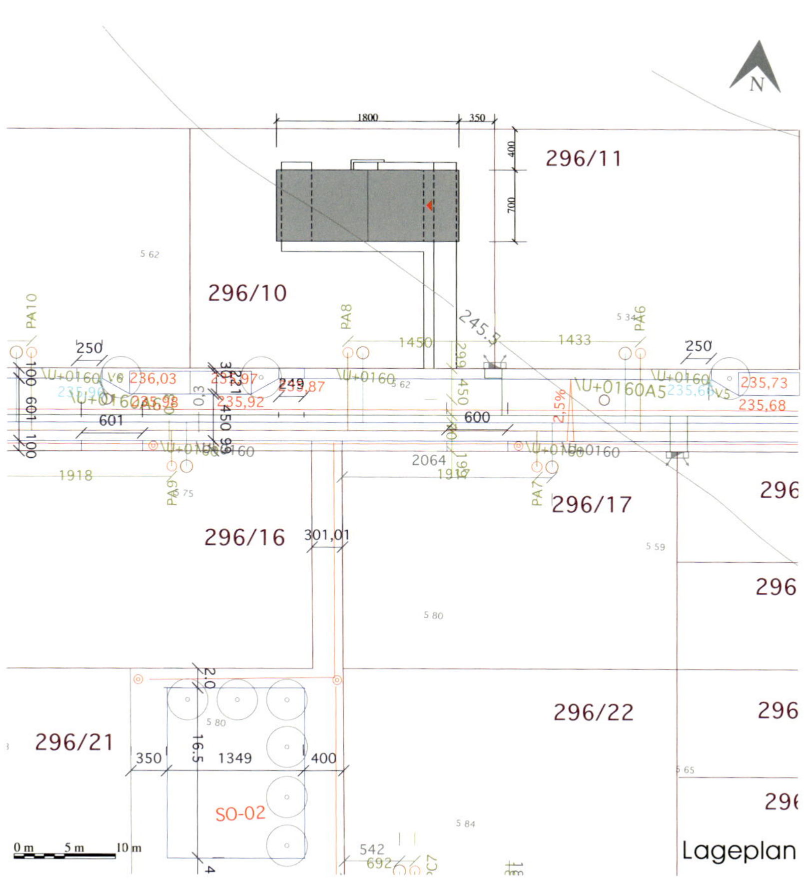

Darstellungen nicht im Originalmaßstab

Die nächste Stufe in der Planungsfolge ist der Bauantrag, das Baugesuch oder nach der HOAI die Genehmigungsplanung. Der Regelmaßstab für die Zeichnungen ist 1 : 100, wobei auch andere Zeichnungsmaßstäbe (z. B. 1 : 50, 1 : 200 etc.) möglich sind. Das kann von der Größe des geplanten Bauobjektes abhängig sein – Garage oder Automobilfabrik? Hier, wie immer bei der Arbeit mit den Behörden, ist eine Abstimmung mit dem zuständigen Baurechtsamt, der zuständigen Genehmigungsbehörde, sinnvoll und empfehlenswert. Es ist zu bedenken, dass die Anforderungen von Bundesland zu Bundesland von Amt zu Amt unterschiedlich sein können.

Neben dem amtlichen Lageplan, in der Regel im M 1 : 500, sind hier alle für das (räumliche!) Verständnis notwendigen Abbildungen zum Bauobjekt (Grundrisse, Schnitte, Ansichten) erforderlich. Die Objektgeometrie muss in diesen Projektionen vollständig bemaßt sein. Bei Öffnungen (Fenster/Türen) kann darauf verzichtet werden. Darüberhinaus sind der Entwässerungsplan und der Nachweis der Standsicherheit notwendig. Weitere zeichnerischen Darstellungen wären mit der Genehmigungsbehörde zu klären.

Bauantrag

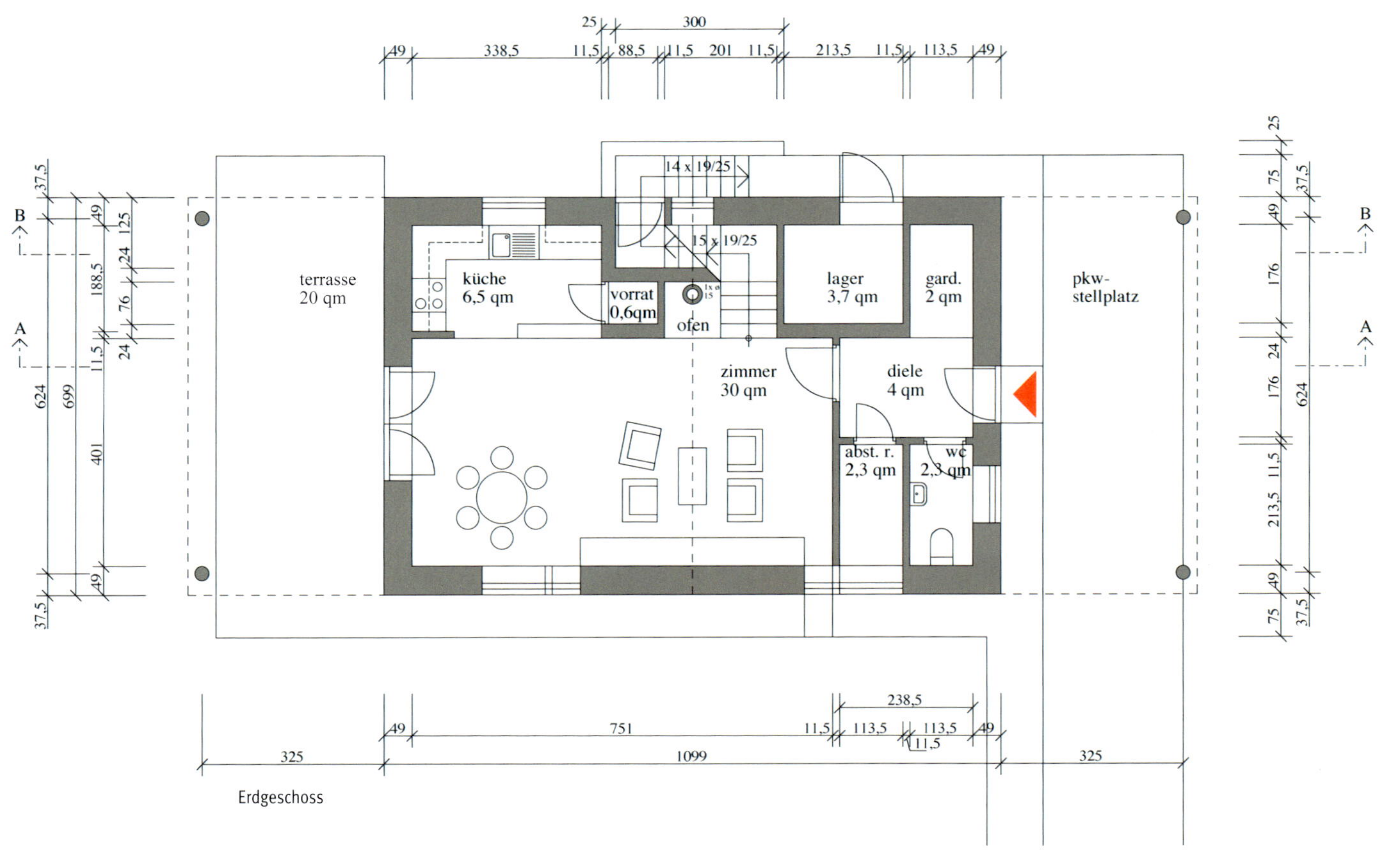

Erdgeschoss

Darstellungen nicht im Originalmaßstab

Bauantrag

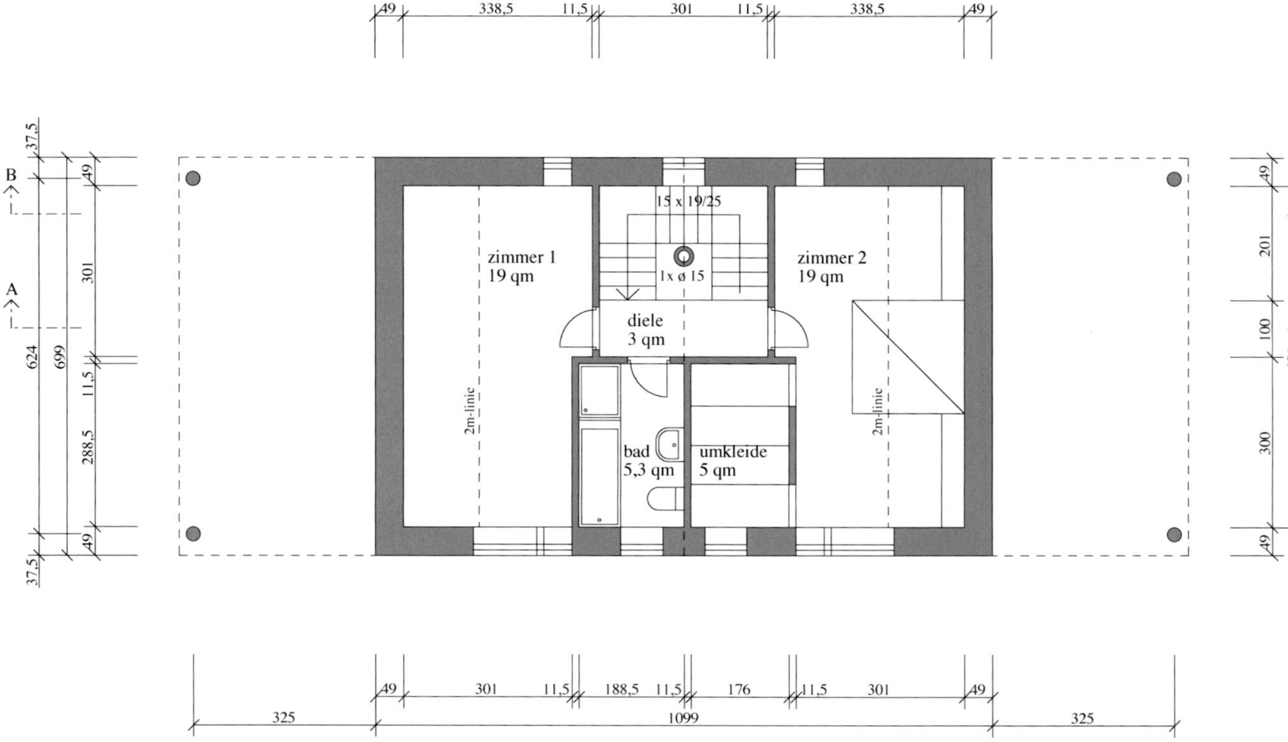

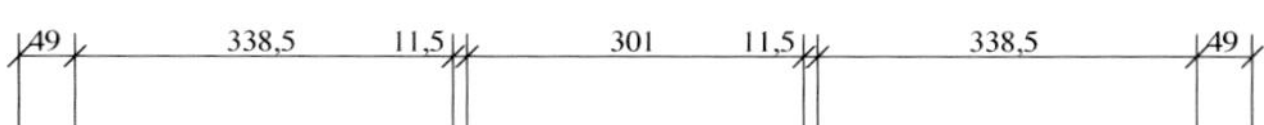

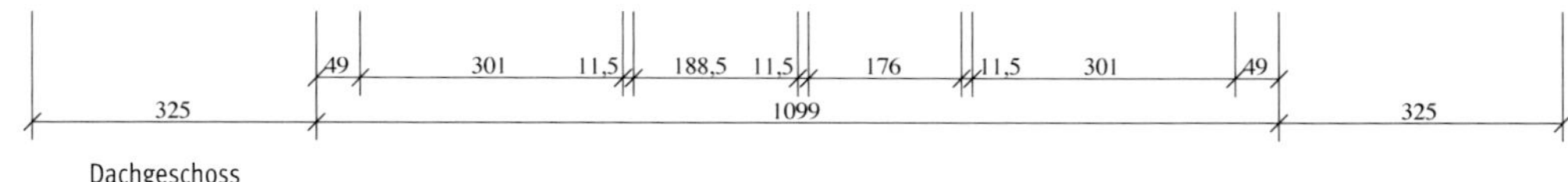

Dachgeschoss

59

Darstellungen nicht im Originalmaßstab

Bauantrag

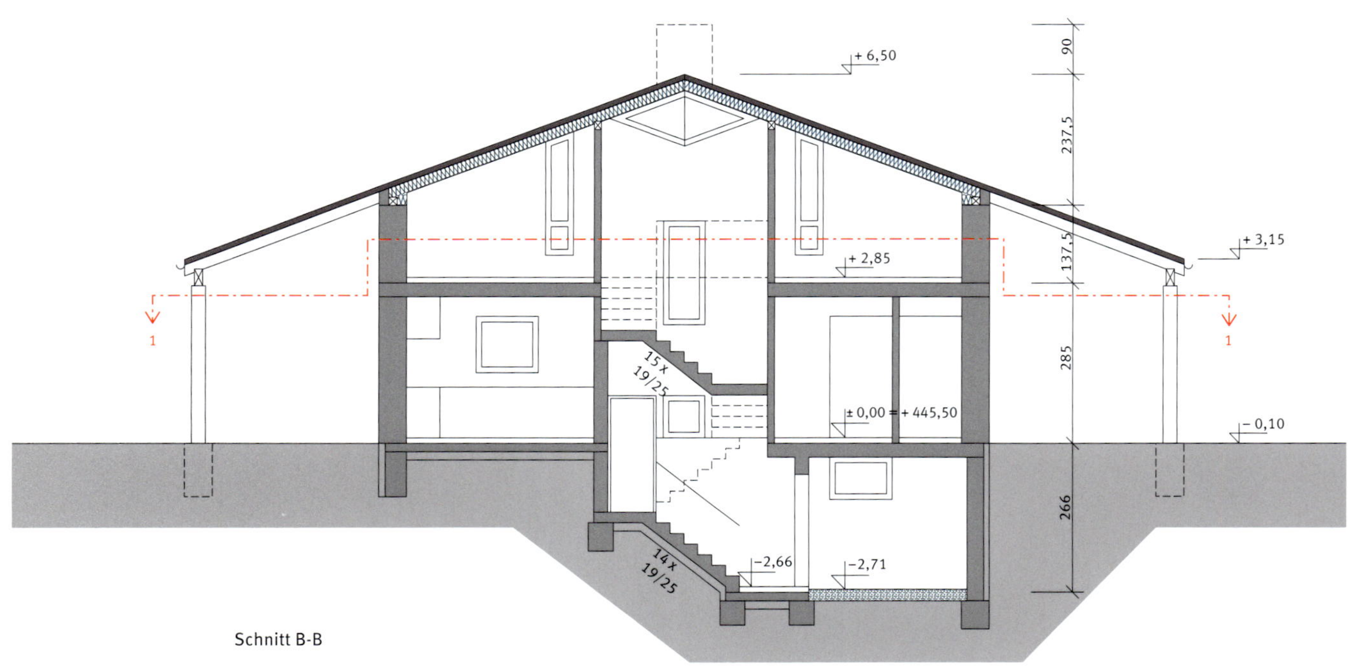

Schnitt B-B

Darstellungen nicht im Originalmaßstab

Bauantrag

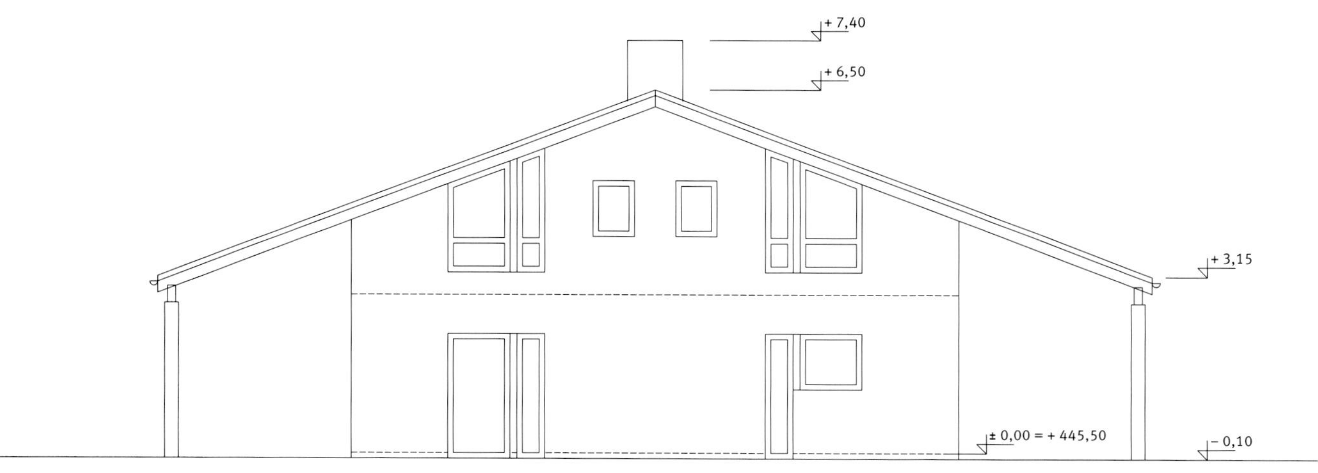

Südansicht

Darstellungen nicht im Originalmaßstab

Bauantrag

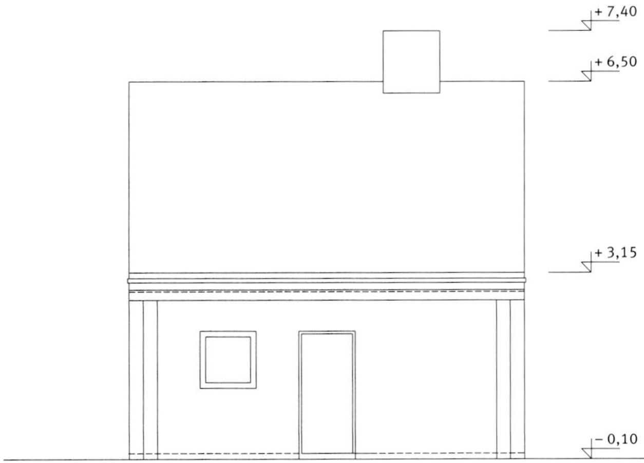

+ 7,40
+ 6,50
+ 3,15
– 0,10

Ostansicht

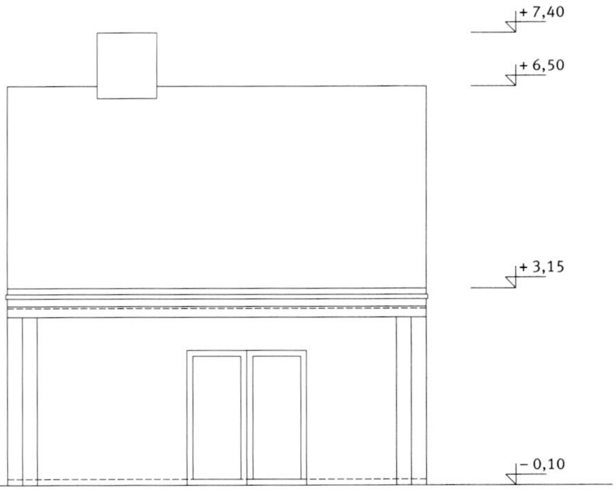

+ 7,40
+ 6,50
+ 3,15
– 0,10

Westansicht

Darstellungen nicht im Originalmaßstab

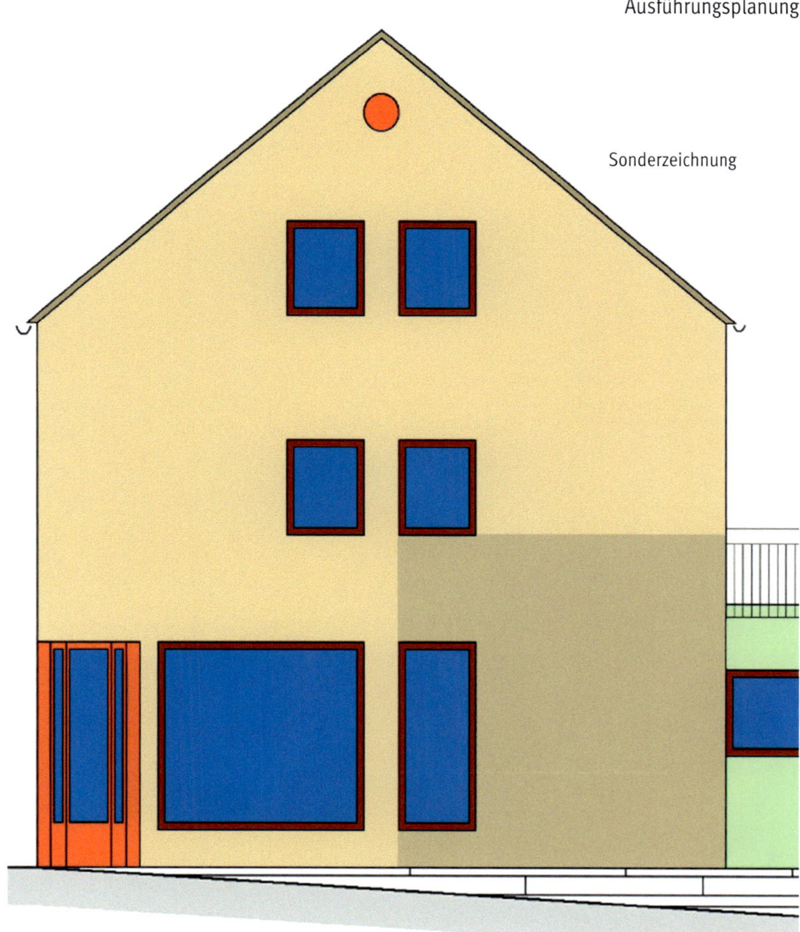

Ausführungsplanung ist der Oberbegriff für die Summe der Baupläne, nach denen ein Objekt erstellt werden soll. Das heißt, dass die Geometrie, die Materialien und z. T. die Massen erschöpfend erfasst und beschrieben werden müssen. Sie setzt sich zusammen aus:

- Werkplänen
- Detailplänen
- Sonderzeichnungen

Der übliche Maßstab der Werkpläne ist 1 : 50, 1 : 25 oder 1 : 20, der Detailpläne 1 : 10, 1 : 5 oder 1 : 1. Der Maßstab 1 : 2 sollte wegen Verwechslungsgefahr mit M 1 : 1 vermieden werden. In den Sonderzeichnungen werden Angaben zu einzelnen Gewerken wie z. B. zur Farbgestaltung oder Fußbodenbelägen festgehalten. Der Maßstab orientiert sich hier nach der für die jeweilige Informationsvermittlung erforderlichen Darstellungstiefe.

Ausführungsplanung

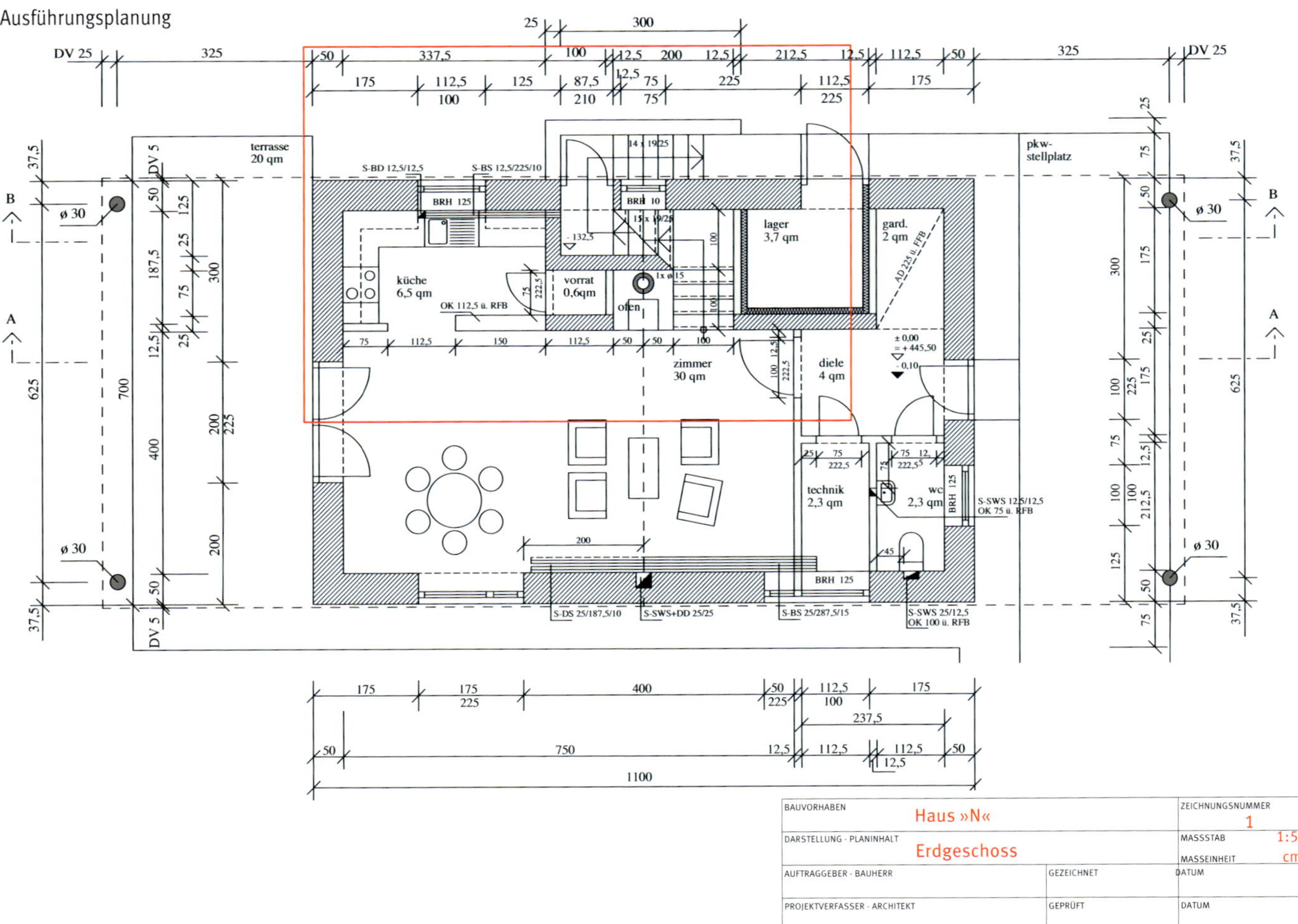

BAUVORHABEN	Haus »N«		ZEICHNUNGSNUMMER	1
DARSTELLUNG · PLANINHALT	Erdgeschoss		MASSSTAB	1:50
			MASSEINHEIT	cm
AUFTRAGGEBER · BAUHERR		GEZEICHNET	DATUM	
PROJEKTVERFASSER · ARCHITEKT		GEPRÜFT	DATUM	

Darstellungen nicht im Originalmaßstab / Bemaßung in Achsmaßen!

50
337,5
100
12,5
201
12,5
Ausführungsplanung
175
112,5
125
87,5
75
225
112,5
12,5
12,5
100
210
75
225
75
75

14 x 19/25
S-BD 12,5/12,5
S-BS 12,5/225/10
BRH 125
BRH 10
lager
3,7 qm
15 x 19/25
- 132,5
küche
6,5 qm
100
vorrat
0,6qm
1x ø 15
75
222,5
OK 112,5 ü. RFB
ofen
100
100
75
112,5
150
112,5
50
50
100
zimmer
30 qm
100
222,5
12,5
diele
4 qm

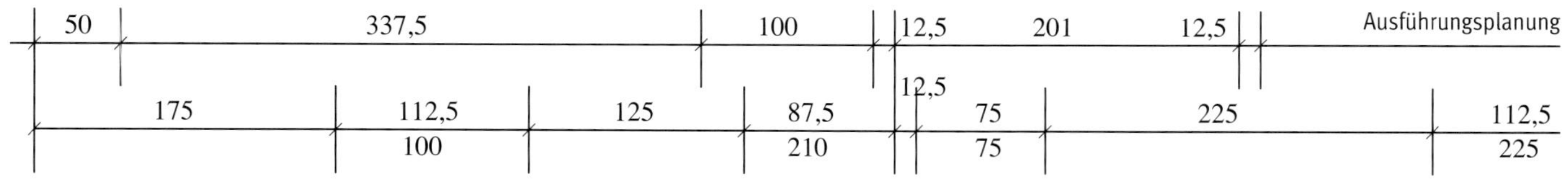

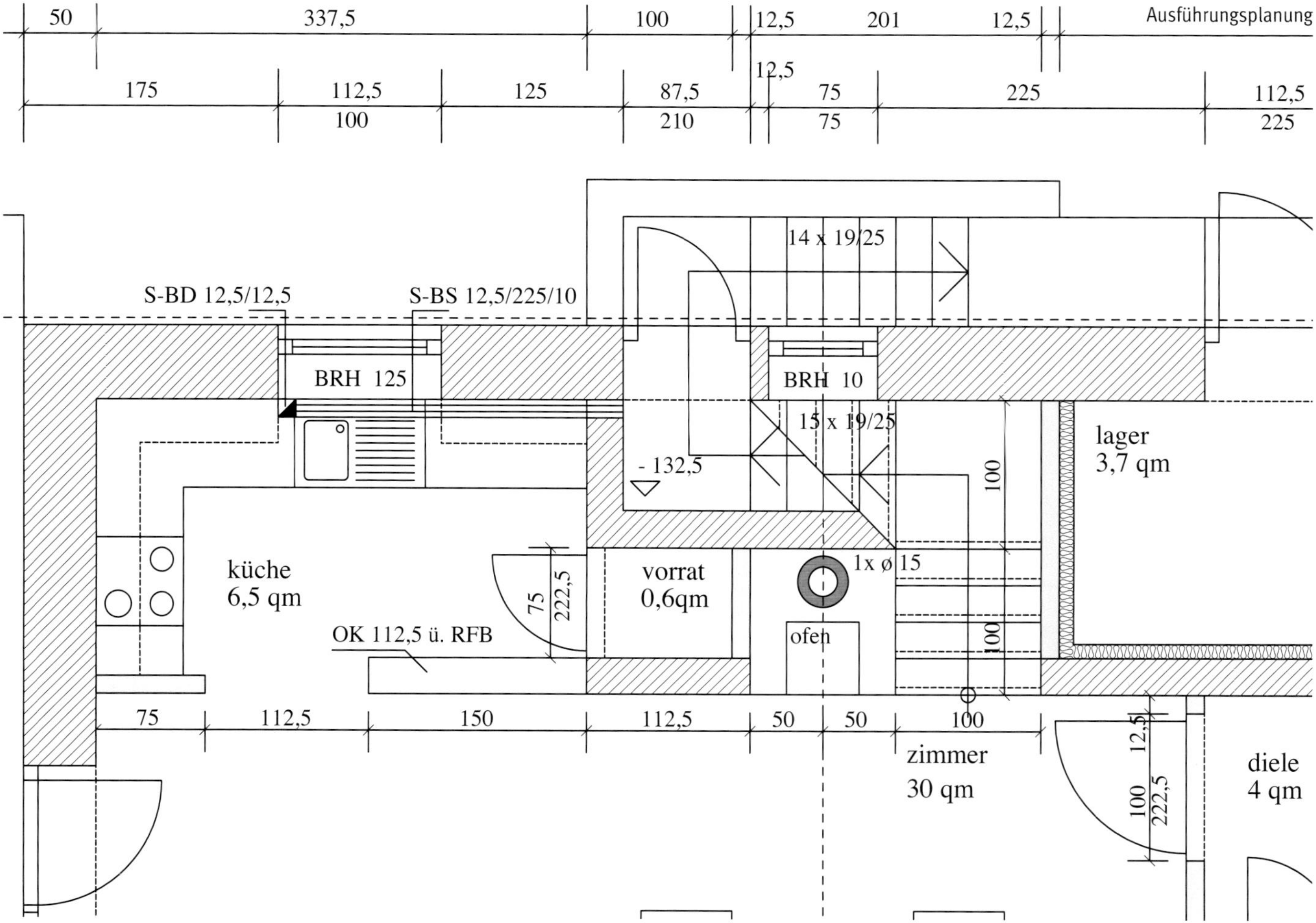

65

Ausführungsplanung

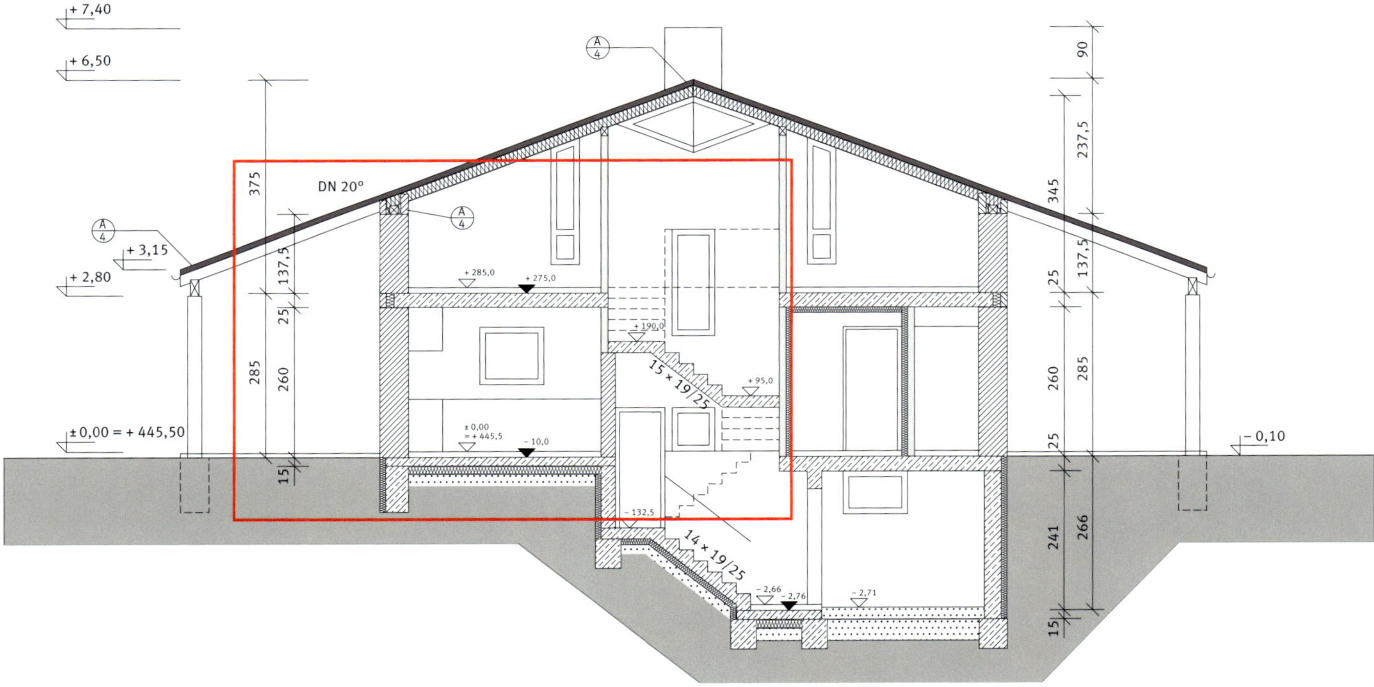

Darstellungen nicht im Originalmaßstab

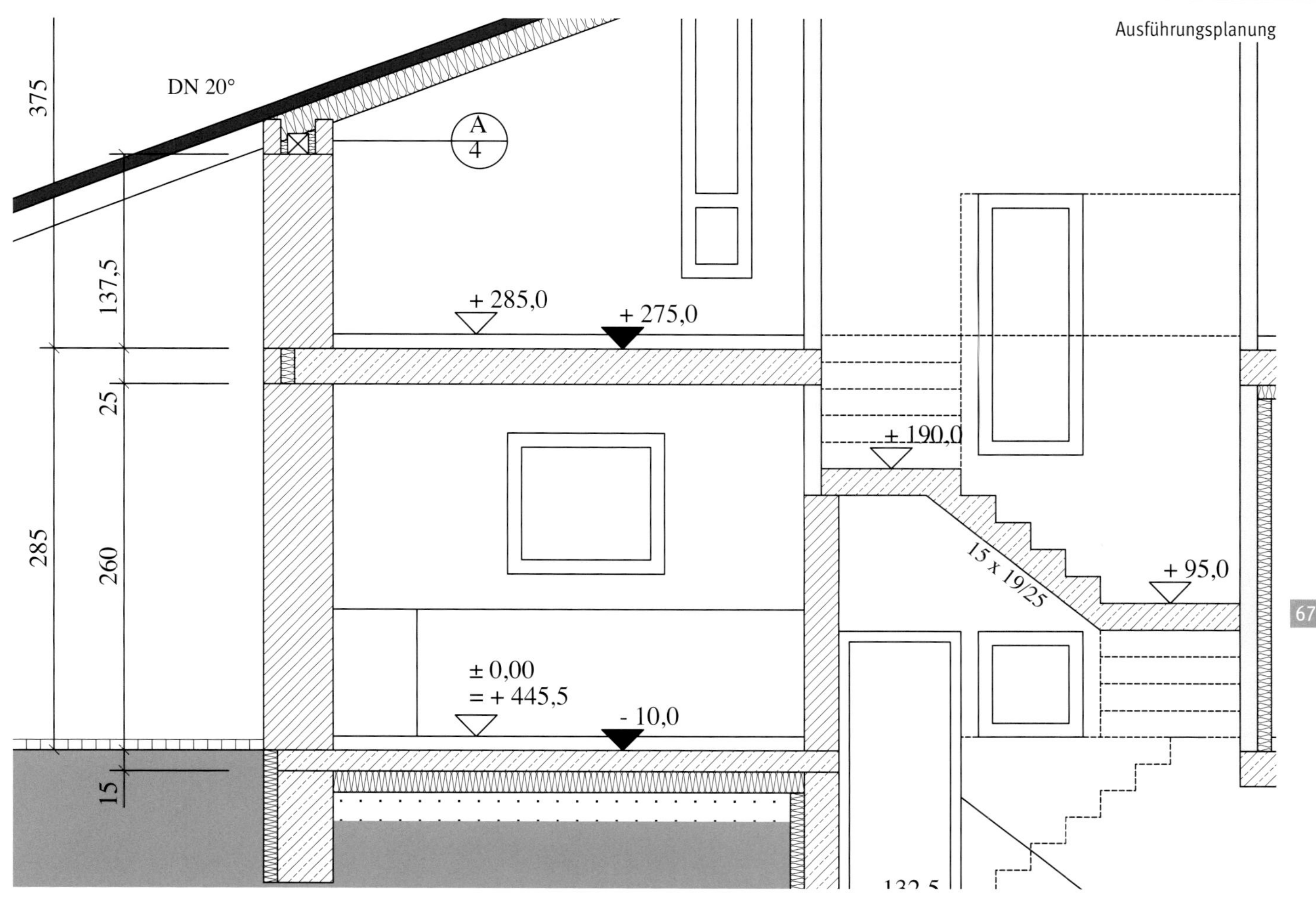

Darstellungen im Originalmaßstab

Ausführungsplanung

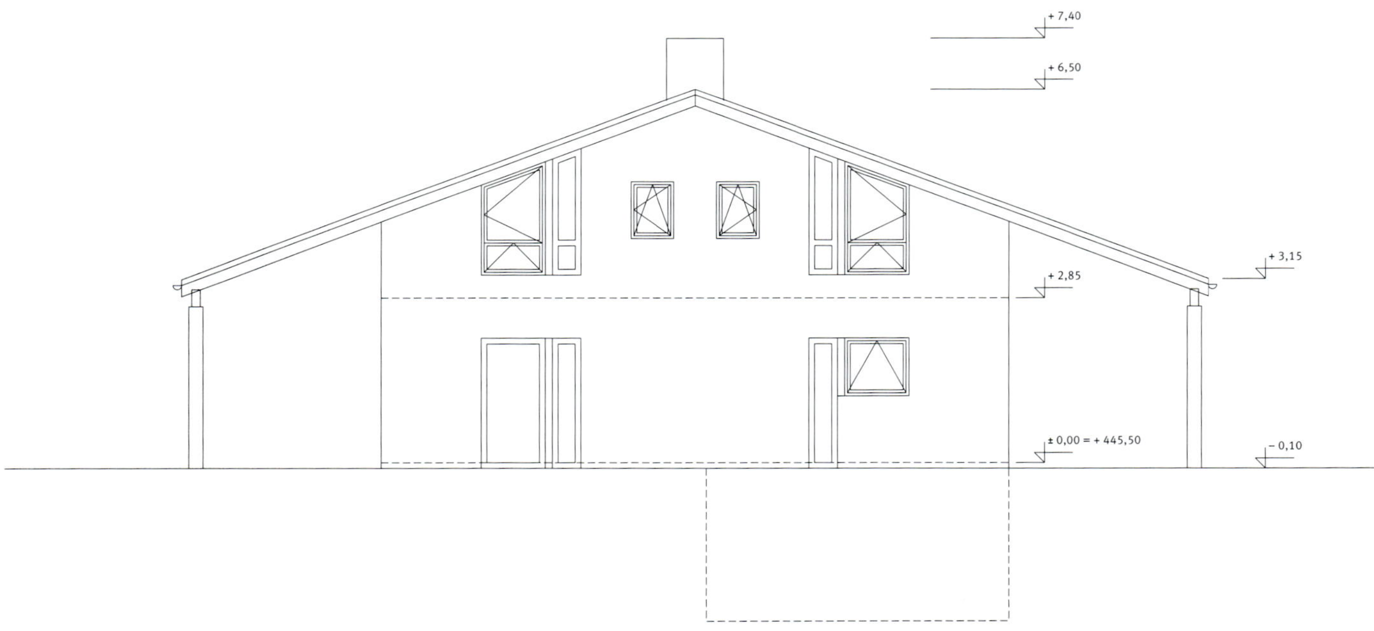

BAUVORHABEN	Haus »N«		ZEICHNUNGSNUMMER	3
DARSTELLUNG - PLANINHALT	Südansicht		MASSSTAB	1:50
			MASSEINHEIT	cm
AUFTRAGGEBER - BAUHERR		GEZEICHNET	DATUM	
PROJEKTVERFASSER - ARCHITEKT		GEPRÜFT	DATUM	

Darstellungen nicht im Originalmaßstab

Ausführungsplanung / Detail

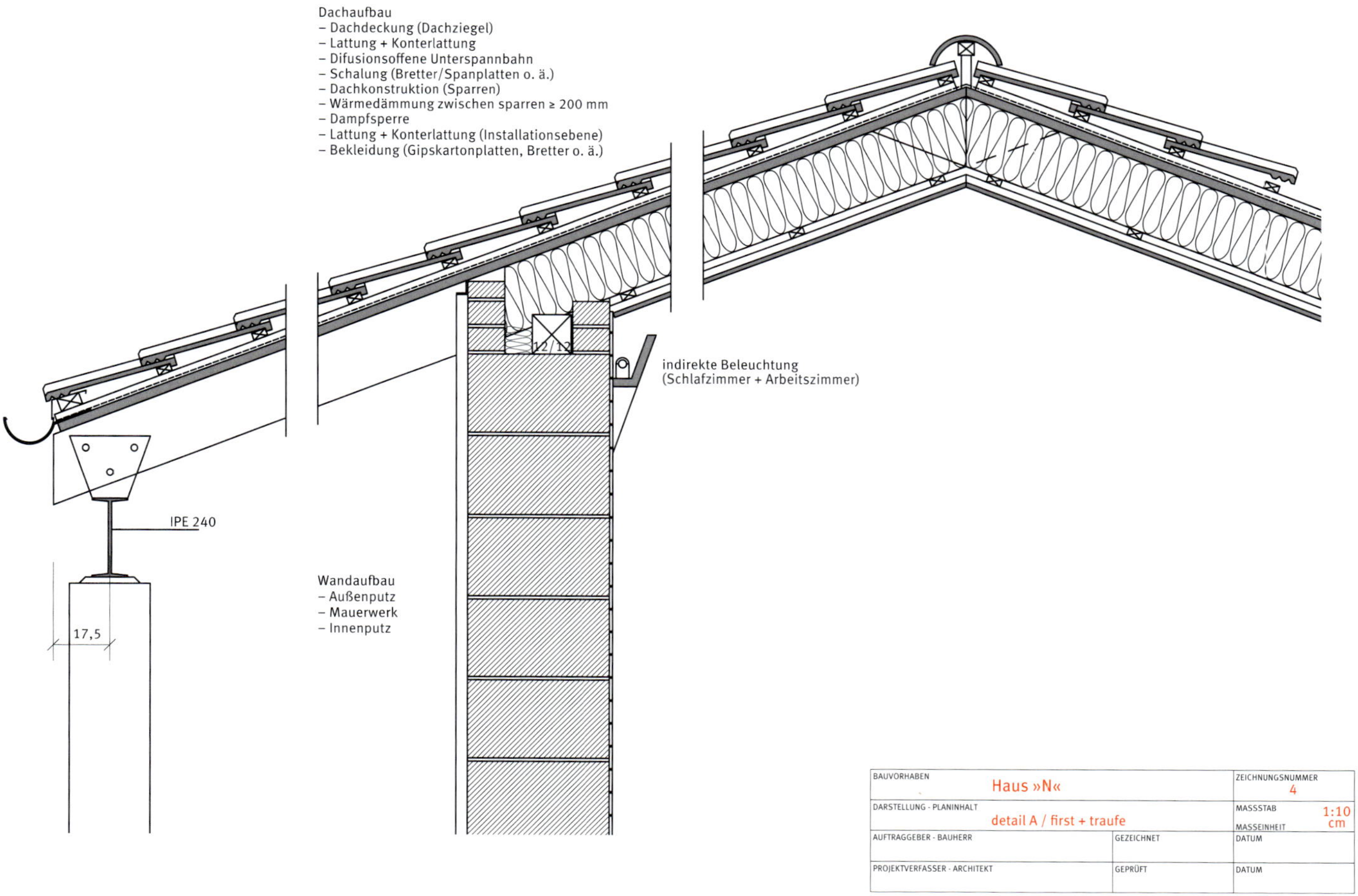

Dachaufbau
– Dachdeckung (Dachziegel)
– Lattung + Konterlattung
– Difusionsoffene Unterspannbahn
– Schalung (Bretter/Spanplatten o. ä.)
– Dachkonstruktion (Sparren)
– Wärmedämmung zwischen sparren ≥ 200 mm
– Dampfsperre
– Lattung + Konterlattung (Installationsebene)
– Bekleidung (Gipskartonplatten, Bretter o. ä.)

indirekte Beleuchtung
(Schlafzimmer + Arbeitszimmer)

IPE 240

17,5

Wandaufbau
– Außenputz
– Mauerwerk
– Innenputz

BAUVORHABEN	Haus »N«		ZEICHNUNGSNUMMER 4
DARSTELLUNG - PLANINHALT	detail A / first + traufe		MASSSTAB 1:10 MASSEINHEIT cm
AUFTRAGGEBER - BAUHERR		GEZEICHNET	DATUM
PROJEKTVERFASSER - ARCHITEKT		GEPRÜFT	DATUM

Darstellungen nicht im Originalmaßstab

Ausführungsplan / Detail

Tür Lager

± 0,00

2%

- 0,15   2%

- 0,30

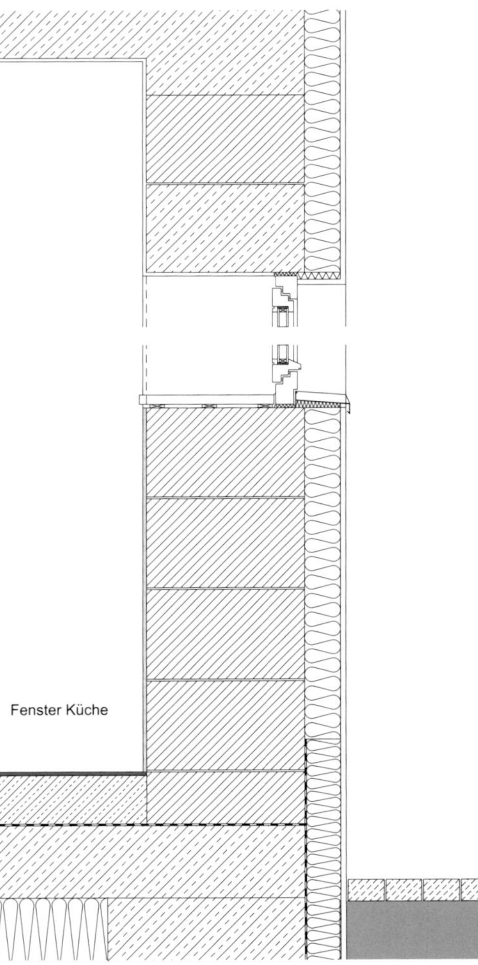

Darstellungen nicht im Originalmaßstab

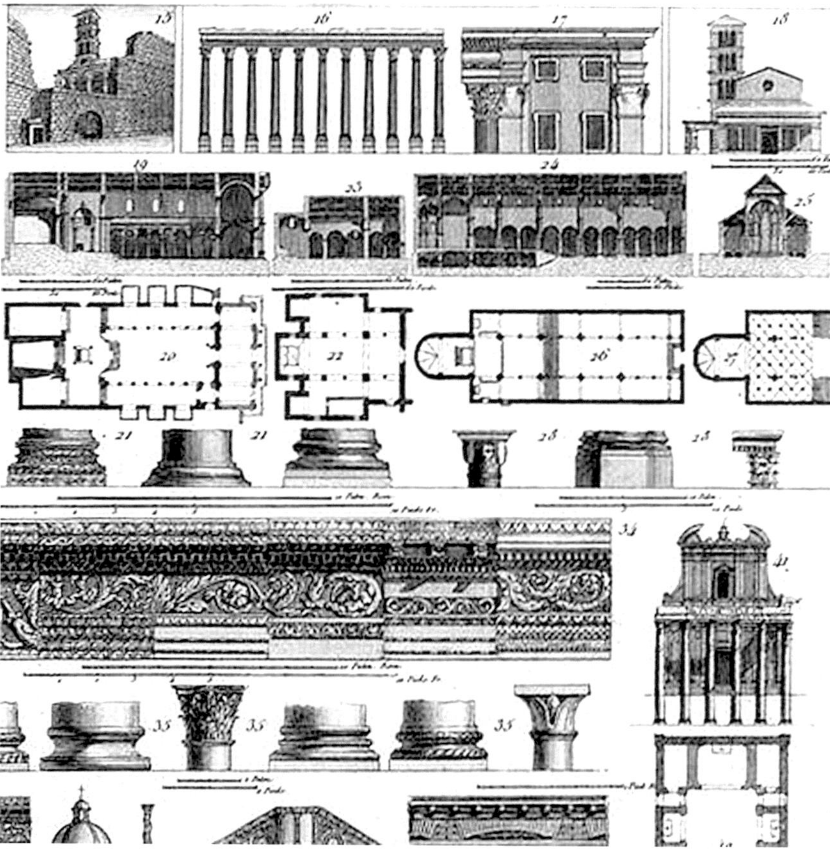

J. B. L. G. Seroux d'Agincourt »Histoire de l'Art … « Paris 1823

Plankopflagen

Beispiele möglicher Plankopflagen

A4

A...

A...

A...

A...

Plankopfinhalte

Inhalte	Erläuterung
Projektbezeichnung	Bauvorhaben, Gegenstand etc.
Planinhalt(e)	was ist auf dem Plan dargestellt
Auftraggeber	Bauherrschaft
Auftragnehmer	Architekt, Designer
Planverfasser	wer den Plan gezeichnet hat
Datum der Anfertigung	
Planprüfer	wer den Plan geprüft hat
Datum der Prüfung	
Maßstab	
Maßeinheit	die in der Bemaßung verwendete
Plannummer	siehe auch Seite 116

Die Darstellungen zu Plankopflagen folgen hier nicht ausschließlich der DIN 1356, die von der Planfaltung auf das Format A4 ausgeht. Es ist natürlich sinnvoll den Plankopf am Plan unten rechts zu platzieren, um seine Informationen auch im gefalteten Planzustand lesen zu können. In anderen Präsentationsfällen ist dies nicht zwingend erforderlich.

Wenn auf einem Plan mehrere Zeichnungen in verschiedenen Maßstäben dargestellt sind, sollten diese direkt bei der jeweiligen Zeichnung angegeben sein. Falls Sie auf einem Plan verschiedene Objektdarstellungen (z. B. mehrere Ansichten) platzieren, reicht es im Plankopf unter Planinhalt »Ansichten« anzugeben und die jeweilige Ansichtszeichnung direkt im Plan zu bezeichnen – z. B. »Nordansicht«. Dies gilt für andere Kombinationen analog. Es ist nicht sinnvoll, die einzelnen Zeichnungen auf dem Plan nur im Plankopf zu bezeichnen, da die Zuordnung der Begriffe zu den Abbildungen nur für den (demenzfreien) Planzeichner selbst möglich ist, nicht aber für die Planleser.

Beispiel einer möglichen Plankopfdisposition

BAUVORHABEN		ZEICHNUNGSNUMMER
DARSTELLUNG – PLANINHALT		MASSSTAB MASSEINHEIT
AUFTRAGGEBER – BAUHERR	GEZEICHNET	DATUM
PROJEKTVERFASSER – ARCHITEKT	GEPRÜFT	DATUM

Nordpfeil

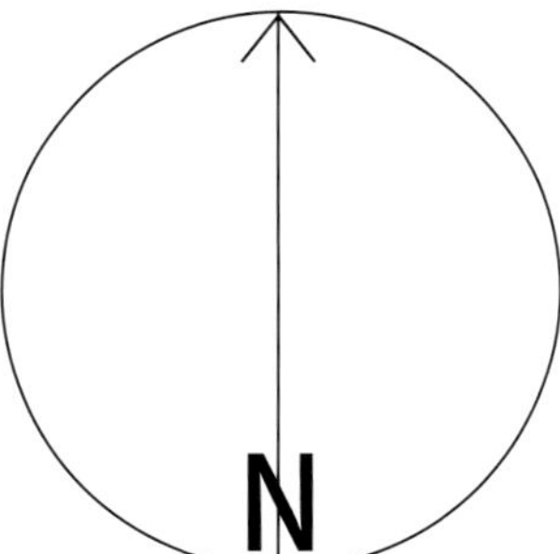

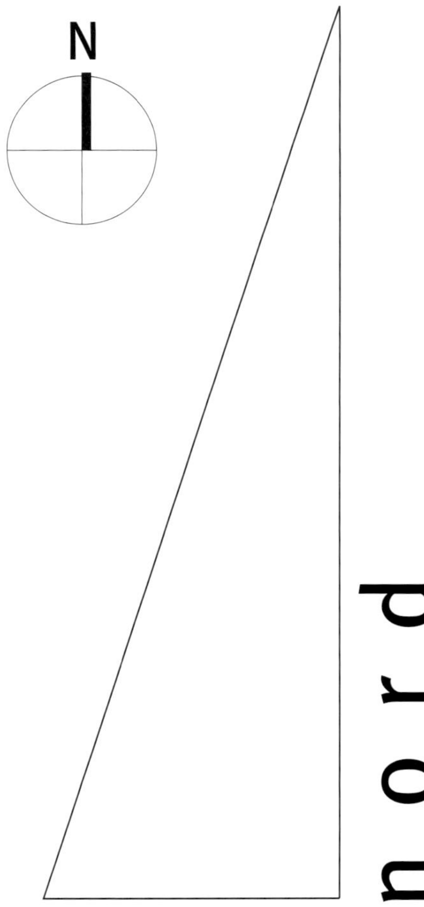

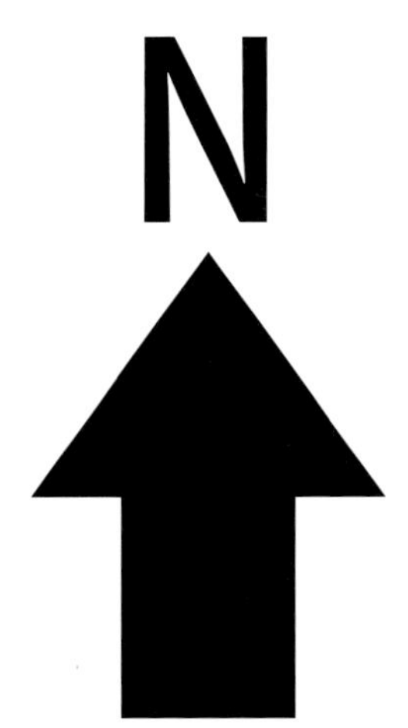

Nordpfeil

Der Nordpfeil? Was ist das für ein Symbol? Wozu ist der Pfeil gut? Wann braucht man ihn überhaupt?

Natürlich ist er nicht unbedingt erforderlich, wenn ich eine Türklinke zeichne. Bei Bauobjekten aber ist er ein wichtiger Bestandteil der Zeichnungen. Nicht nur im Lageplan, auch in den einzelnen Grundrissen ist es sinnvoll ihn darzustellen. In der Regel wird er im rechten oberen Planeck in einer Größe platziert, die ihn leicht auffindbar macht. Alternativ ist seine Lage in der Nähe des Plankopfes, z. B. oberhalb, ebenso möglich.

Es ist wichtig für die Planenden, für die Ausführenden und vor allem für die später das Bauobjekt Nutzenden zu wissen und zu beurteilen, wie das Gebäude zu den Himmelsrichtungen ausgerichtet ist. Wo ist die Schattenseite, wo ist mit der Sonneneinstrahlung zu rechnen und welche Folgen ergeben sich daraus, z. B. nicht nur für die Fassadenbehandlung, sondern auch für die Funktionsverteilung im Inneren und/oder für die Möblierung der Innenräume.

Schnittebenen

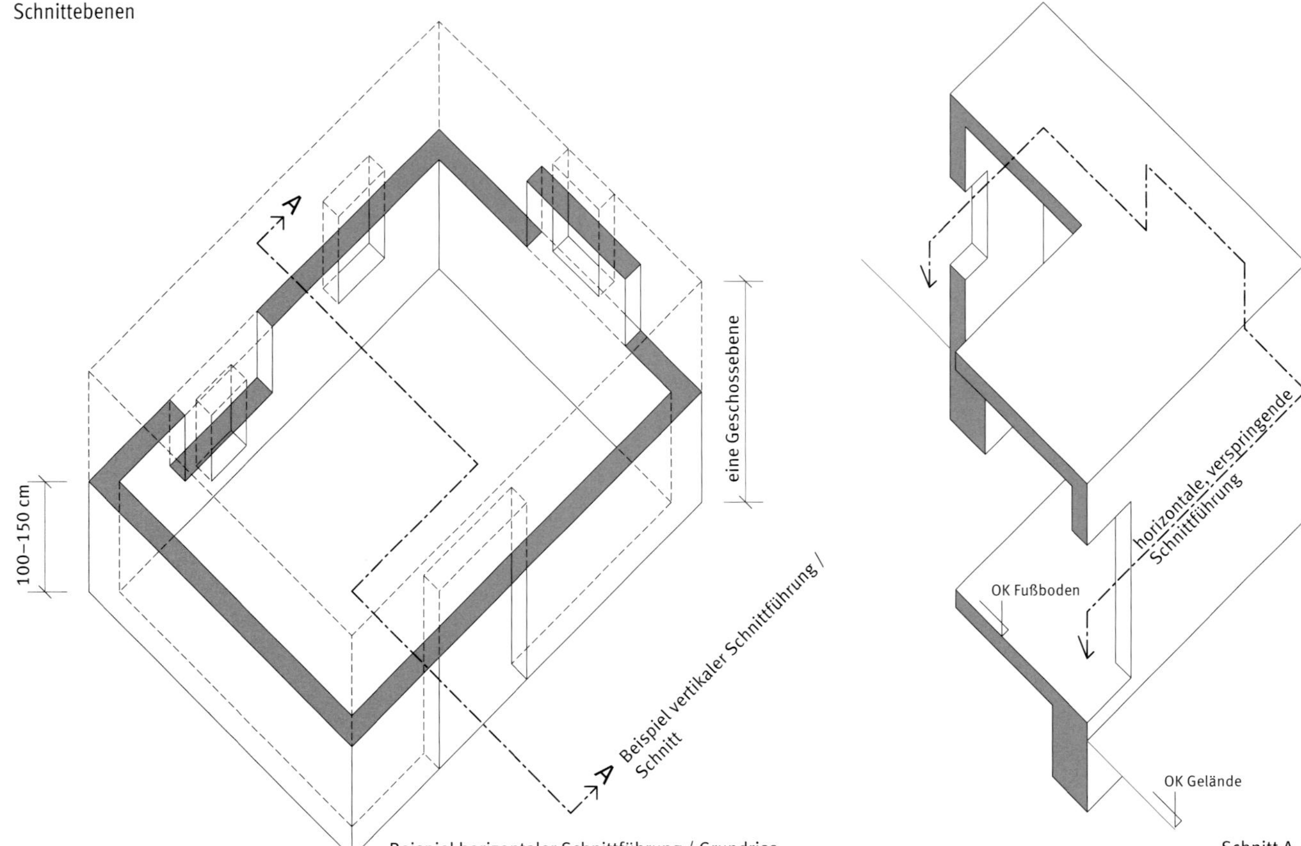

Die wesentlichen Inhalte/Geometrien eines (Bau)Objektes werden in horizontalen und vertikalen Schnitten durch dieses dargestellt.

Die Horizontalen heißen:
GRUNDRISSE,

die Vertikalen einfach:
SCHNITTE.

Hier geht es darum, die gesamte Form vollständig abzubilden. In den Grundrissen ist es unter anderem unerlässlich, alle Öffnungen einer zusammenhängenden Ebene (ein Geschoss) darzustellen. Der Abstand der Schnittebene vom jeweiligen Fußboden liegt bei ca. 100–150 cm. Um die darüber und/oder darunter liegenden Teile (z. B. Öffnungen) zeichnerisch zu erfassen, muss die Schnittebene entsprechend versetzt werden.

Mindestens so wichtig wie die Grundrisse, sind für die Abbildung eines (Bau)Objektes die vertikalen Schnitte. Diese bilden die dritte Dimension, die Höhenentwicklung, ab. Der Verlauf der vertikalen Schnitte muss im Grundriss markiert sein und kann sowohl geradlinig verlaufen als auch entlang der x-y-Koordinaten verspringen. Im Gegensatz dazu wird der Verlauf von horizontalen Schnitten (Grundrisse) in den (vertikalen) Schnitten in der Regel nicht markiert. In den Schnitten geht es darum, dass das Objekt in seiner Höhenausdehnung erfasst wird und die räumlich interessanten/komplizierten Orte für den Planleser verständlich abgebildet werden. Deshalb ist das links dargestellte »Verspringen« der Schnittebene in vielen Fällen sinnvoll, da an verschiedenen Orten liegende interessante (bauliche) Situationen/Geometrien zeichnerisch erfasst werden können, ohne mehrere, sich u. U. wiederholende Schnitte zeichnen zu müssen.

Schnittführung

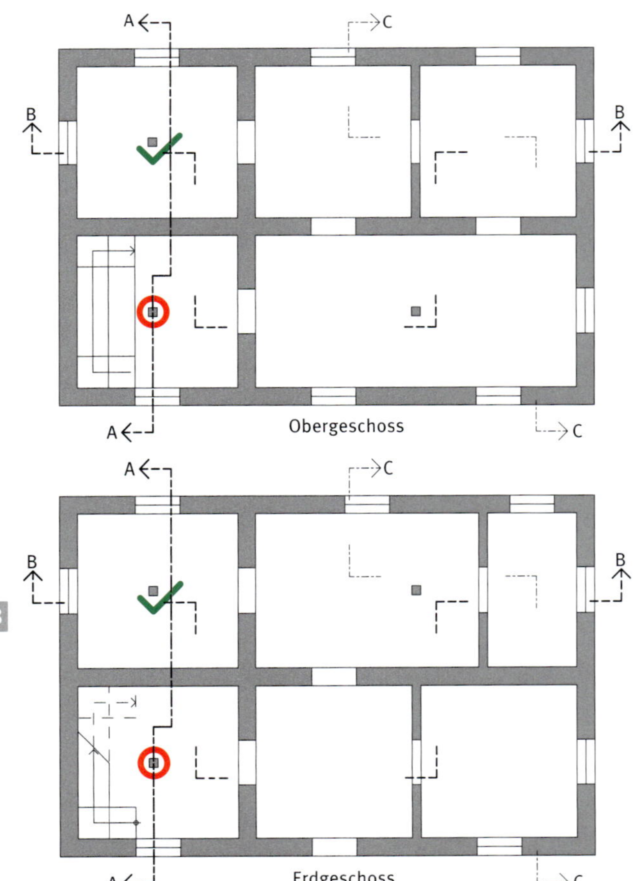

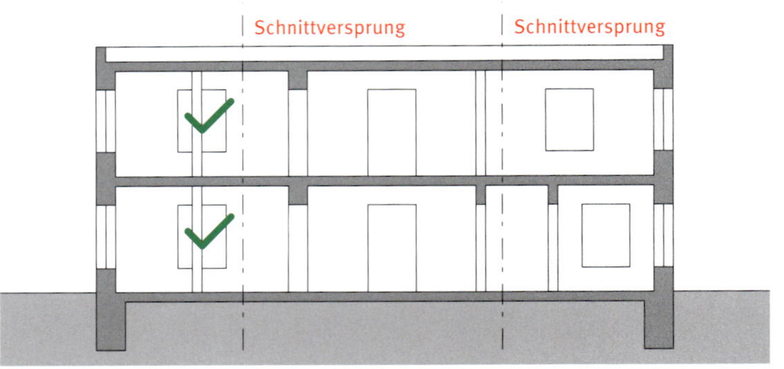

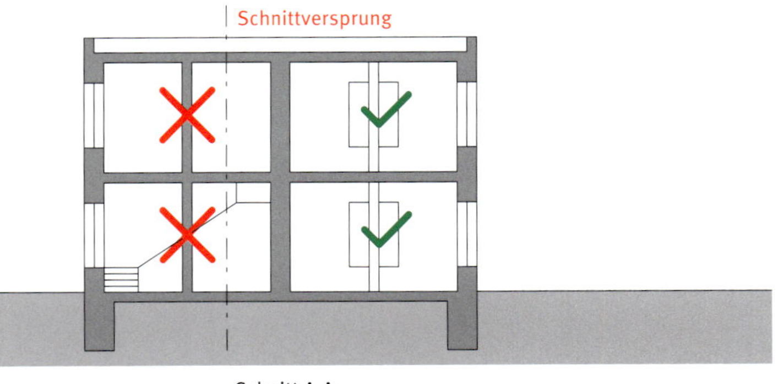

78

In Schnitten sollten Sie es vermeiden, durch Stützen oder längs durch Unterzüge und Wände zu schneiden. In anderen Worten: Man soll keinen Schnitt längs durch Teile/Elemente mit linearer Form legen. Dies würde zu Missinterpretationen führen. So kann z. B. eine im Grundriss geschnittene Stütze in der Schnittzeichnung als Wand interpretiert werden, die im Grundriss nicht zu finden ist ...

Natürlich kann man durch Stützen und andere lineare Objekte schneiden, wenn es einen sinnvollen Grund dazu gibt. Bei besonderer Gestaltung/Ausformung solcher Teile ist dies sogar erforderlich. In solch einem Fall müssen diese in einem entsprechenden Maßstab detailliert dargestellt werden; denn was Sie nicht zeichnen, das bekommen Sie nicht!

Da Bauwerke in der Regel auf dem Erdboden stehen, ist es unerlässlich nicht nur in den Schnitten, aber auch in den Ansichten den Verlauf des Geländes darzustellen. Dies bezieht sich nicht nur auf den neuen, geplanten, sondern auch auf den ursprünglichen Geländeverlauf, der mit einer Strichlinie gezeichnet wird. In den Plänen dürfen also die Schnitt- und Ansichtszeichnungen nicht »über den Wassern« schweben, sondern müssen in das das Bauwerk umgebende Terrain entsprechend eingebettet sein. Dies trifft selbstverständlich auch für Grundrisse (Sockelgeschosse, Untergeschosse etc.) zu, wenn sie ins Gelände eingreifen.

Die in die Geschossgrundrisse einzutragenden vertikalen Schnittverläufe müssen natürlich in allen betreffenden und betroffenen Geschossebenen erscheinen ...

Schnittführung

Darstellungstiefe M ≥ 1 : 100

schnitt C-C

schnitt 1-1 / dachgeschoss

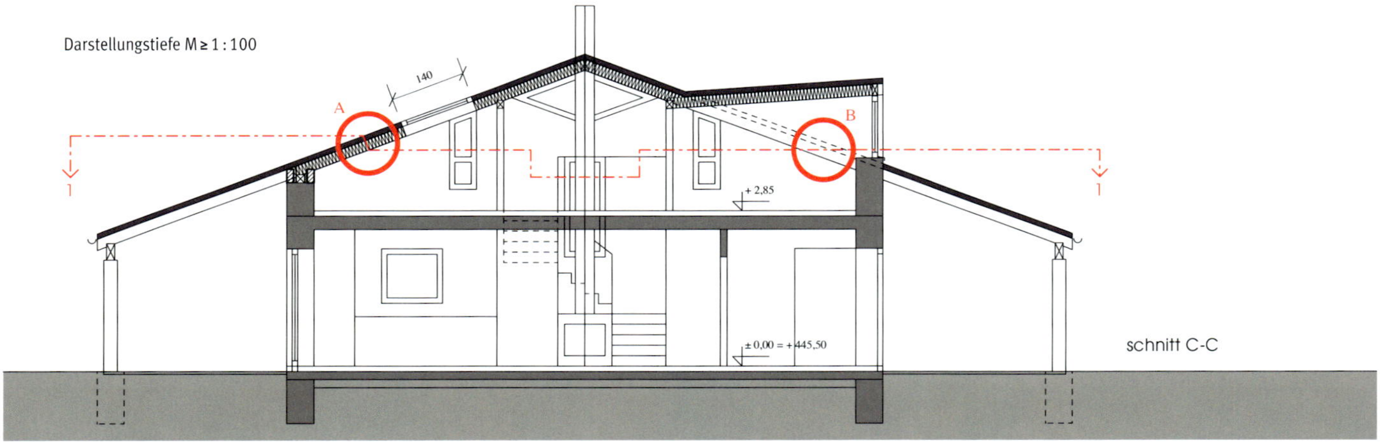

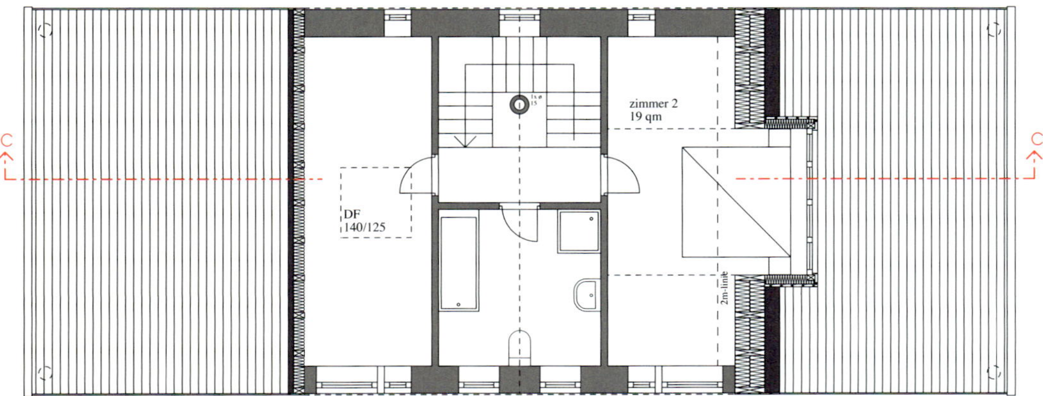

Während die Grundrisse (horizontale Schnitte) von Normal-
geschossen in der Regel keine Darstellungsfallen enthalten, gilt
es in den Plänen der obersten Geschosse, in den Dachgeschossgrundrissen die »richtige«, für die Abbildung der Dachgeometrie
anschaulichere Schnittführung zu wählen. Dies ist natürlich nur
bei Darstellung von Dachgeschossen mit Schrägen und/oder
verspringenden Dächern relevant, also bei Sattel-, Walm-, Pult-
dächern etc.

Bei einfachen Dachgeometrien ist es sinnfällig, die Schnittführung im rechten Winkel zur Dachschräge verspringen zu lassen,
sodass Dachhaut, Dachaufbau in wahrer Dicke gezeichnet werden, wie es bei Punkt »A« im Schnitt C-C der Fall ist. Bei kom-
plizierteren Dachformen kann es sinnvoll sein, horizontal, wie
bei Punkt »B«, durch die Dachflächen zu schneiden, denn dabei
können die u. U. unterschiedlichen Neigungen der einzelnen
Dächer bereits im Grundriss nachvollzogen werden: Je flacher
das Dach, desto breiter wird der Dachschnitt und umgekehrt.
In wahren Abmessungen wird hier erst das senkrechte Dach
(oder ist es schon die Wand?) gezeichnet.

In den entsprechenden Dachgeschossgrundrissen ist ebenso
die anschauliche Darstellung (und Bemaßung) von Dachgauben
und Dachflächenfenstern zu beachten!

Installationsaussparungen/Installationsschächte

darstellung nach DIN 1356

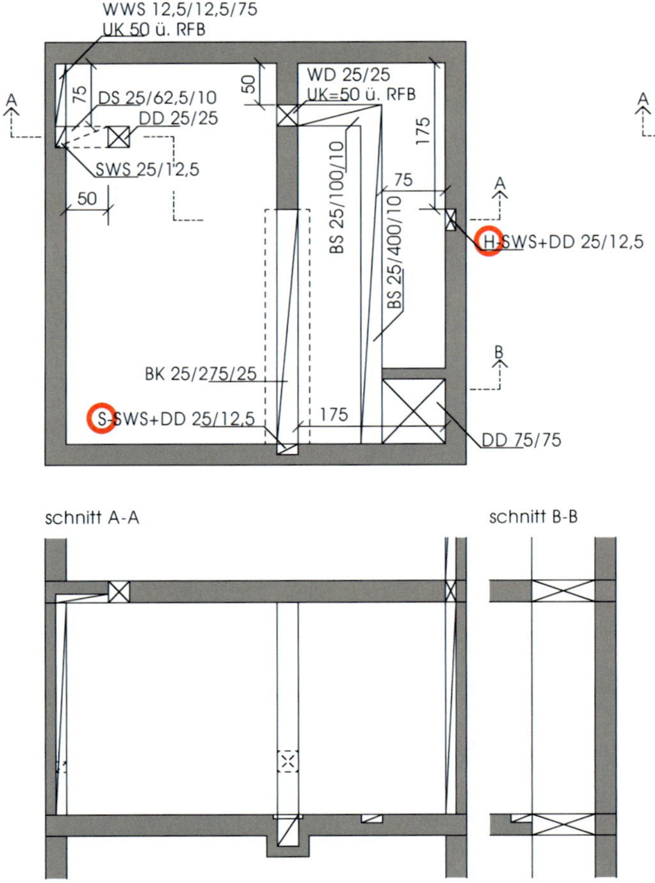

erweiterte darstellung

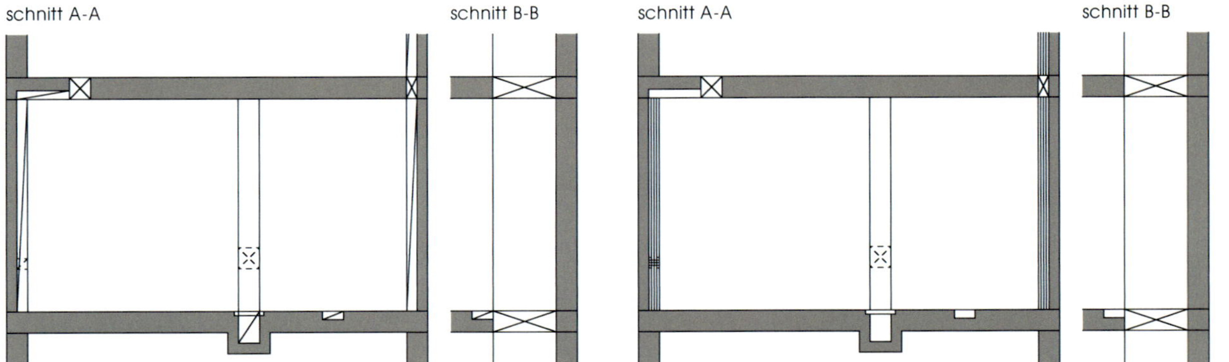

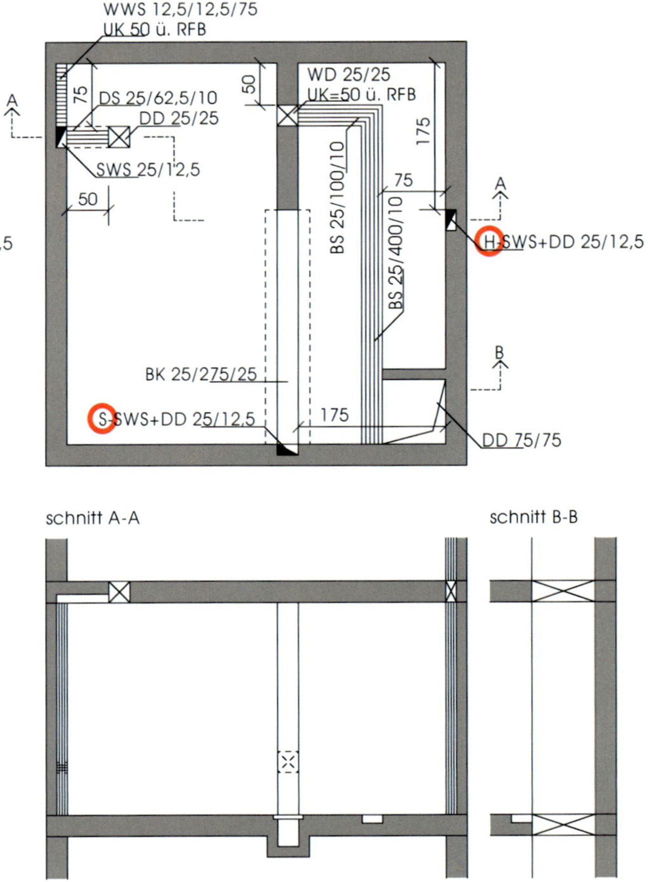

... hier fehlen in den Schnitten die erforderlichen Beschriftungen und Bemaßungen der Aussparungen!

Erweiterte Symbole für Aussparungen

 Boden- / Deckendurchbruch im Grundriss

Decke 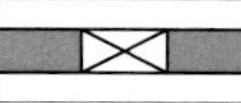 Boden- / Deckendurchbruch in Schnittansicht

Wand 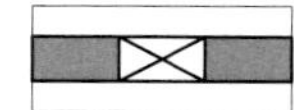 Wand- / Fundamentdurchbruch im Grundriss

Decke 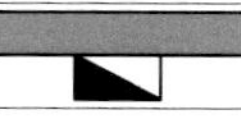 Wand- / Fundamentdurchbruch in Schnittansicht

Wand 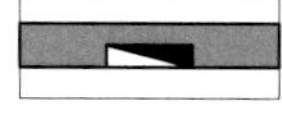 senkrechter Wandschlitz im Grundriss

Decke 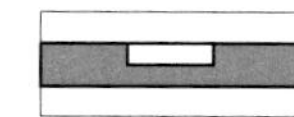 Decken-, Boden-, Fundamentschlitz in Schnittansicht

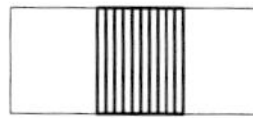 Decken-, Boden-, Fundamentschlitz im Grundriss

Wand 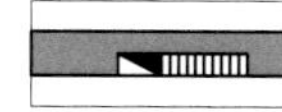 SWS mit WWS im Grundriss (Abkürzungen s. S. 116)

Decke 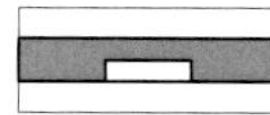 Deckenschlitz an Unterseite in Schnittansicht

 Deckenschlitz an Unterseite im Grundriss

Decke 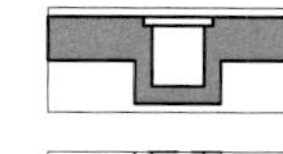 Bodenkanal in Schnittansicht

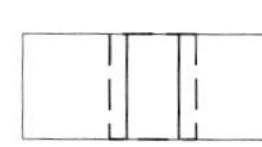 Bodenkanal im Grundriss

Um Leitungen beliebiger Art ohne irgendwo anzuecken durch Gebäude ziehen zu können, ist eine sorgfältige Planung ihrer Trassen unerlässlich. Die Informationen darüber erhält man von den jeweiligen Fachingenieuren. Neben den Installationsschächten gibt es die so genannten »Aussparungen«. Diese manifestieren sich in Form von Boden- und Deckendurchbrüchen (BD + DD), Boden- und Deckenschlitzen (BS + DS), Bodenkanälen (BK), Wanddurchbrüchen (WD) und senkrechten und waagrechten Wandschlitzen (SWS + WWS) u. a. Diese sollen in allen Projektionen (Grundrissen, Schnitten etc.) nicht nur gezeichnet, sondern auch entsprechend beschriftet (Breite/ Tiefe (Länge)/Höhe), eingemaßt (wo liegen sie im Bezug auf den Rohbau?) und zusätzlich bezeichnet werden, für welches Medium sie vorgesehen sind:

H   = Heizung

L   = Lüftung

S   = Sanitär (Wasser und Abwasser)

E   = Elektro

G   = Gas

FM = Fernmelde

Treppendarstellung M ≥ 1 : 100

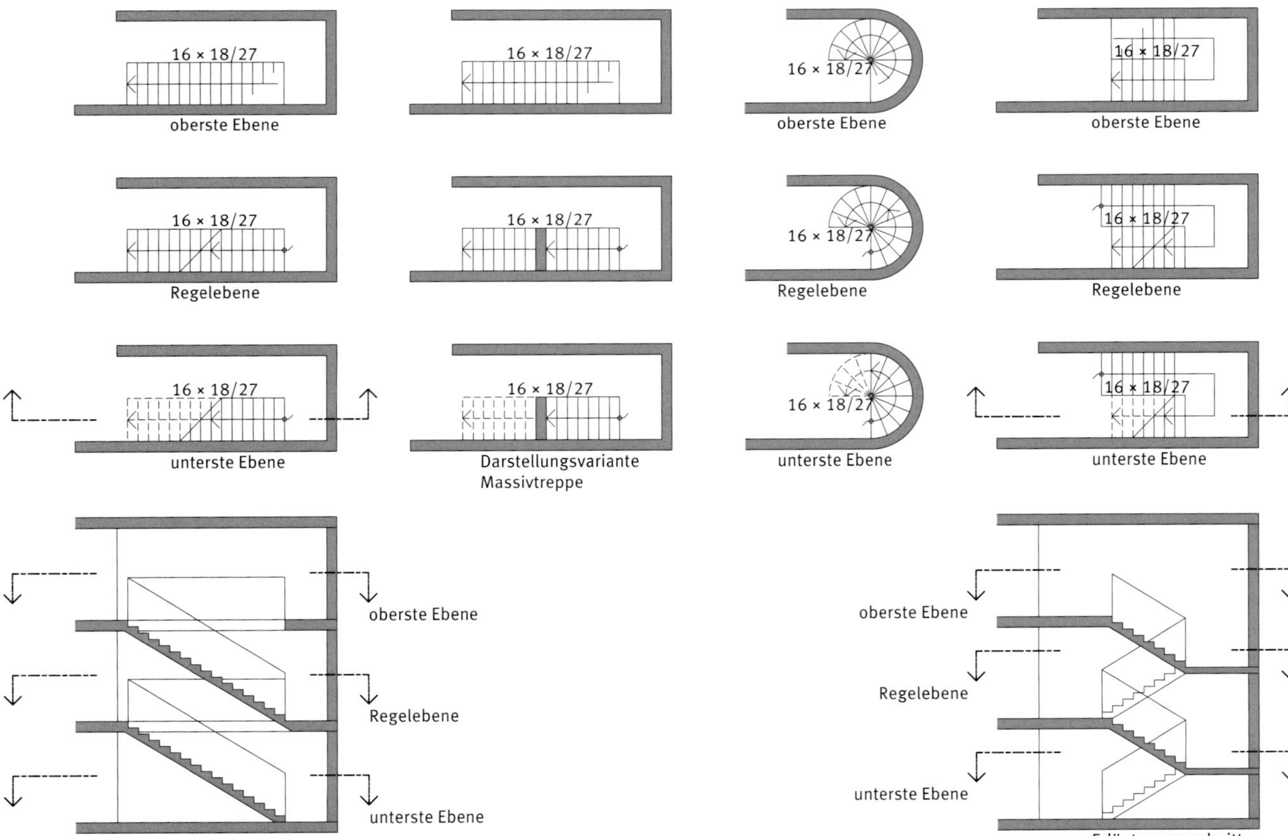

Treppendarstellung M ≤ 1 : 200 / Rampendarstellung M ≥ 1 : 500

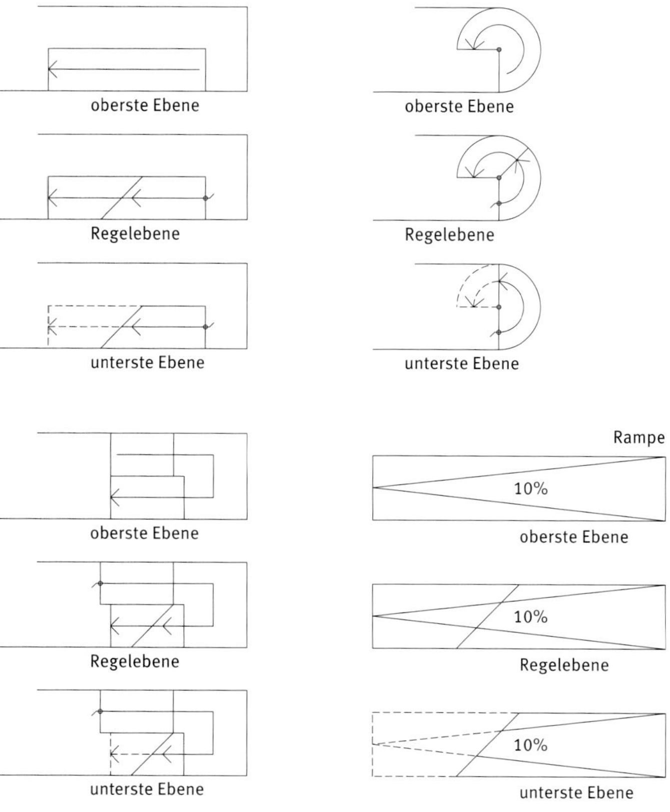

Warum auch immer stellen in Bauplänen Treppen scheinbar die schwierigerer zu zeichnenden Elemente dar. Es gibt in den Grundrissen nur drei Zustände, in denen sie gezeichnet werden können und sollen:

- in der untersten Ebene (im untersten Geschoss)
- in der Regelebene (im Normalgeschoss) und
- in der obersten Ebene (im obersten Geschoss).

Als Schnitt-Zeichen durch die zwischen den Geschossen schräg verlaufende Treppe hat sich ein unter 45° oder auch 30° verlaufender Strich oder Doppelstrich eingebürgert. Dies stellt grafisch/geometrisch ein Problem bei Spindel- und Wendeltreppe dar. Darum reicht es bei diesem einen Dreiviertelkreis mit den üblichen Angaben (Lauflinie, Kreis + Pfeil) zu Antritts- und Austrittsstufe zu zeichnen. Die wahre Geometrie dieser Treppen (und nicht nur dieser) muss in Detailzeichnung(en) festgelegt werden. Eine Rampe wird in den üblichen Maßstäben gleich ge- und bezeichnet, alternativ kann anstatt des Richtungskeiles auch der Richtungspfeil verwendet werden. Ab dem Maßstab 1 : 100 und kleiner ist die Angabe der Rampenneigung (in %) unbedingt erforderlich. Hier gilt ebenso wie woanders die Prämisse: Wenn Sie nicht wissen, wie Sie etwas zeichnen sollen, dann zeichnen Sie es so, wie es ist ...

Bemaßung

Wendeachse für die
Ausrichtung der Schrift
22,56

396,64
163° 9' 4"
25
R 114,3
25
50
500
482,8
272,5
25
200
68° 11' 55"
111° 48' 5"
45° 0' 0"
282,8
189,3
200
200

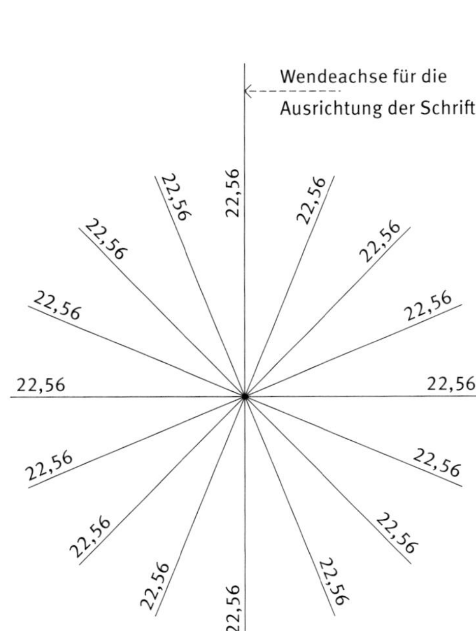

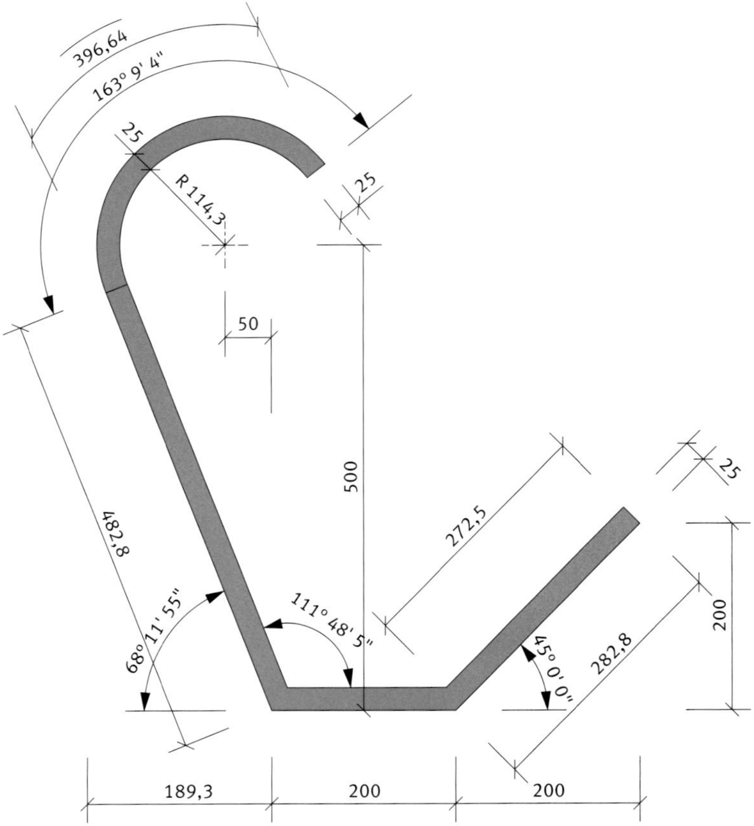

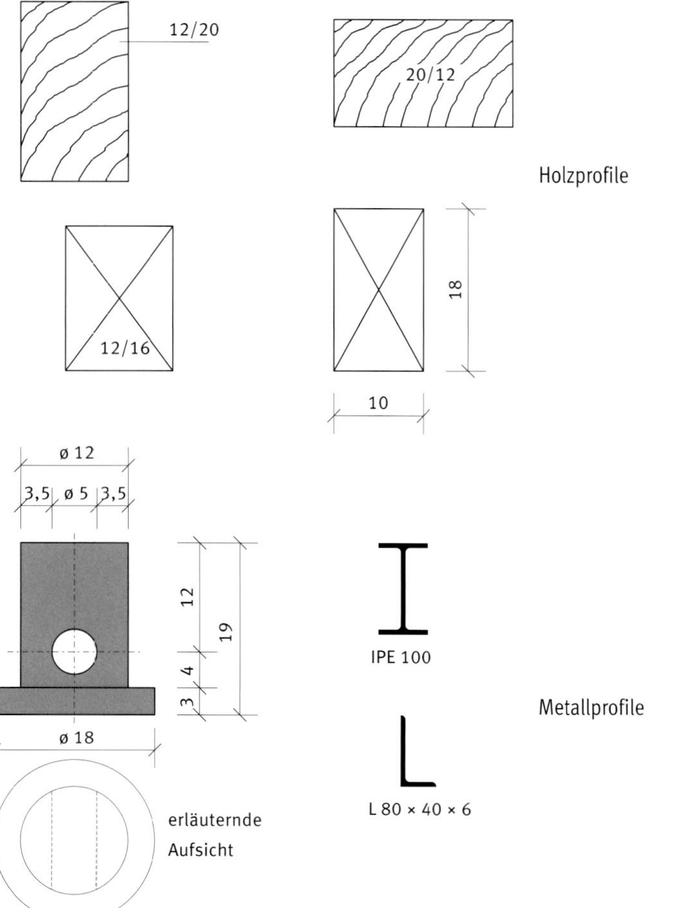

Beschriftung/Bemaßung von Querschnitten

Holzprofile

Metallprofile

Auch die Zeichnungen, die man mit Hilfe von CAD-Programmen zeichnet, müssen bemaßt werden. Dies gilt nicht nur für Längen, Breiten, Höhen oder Dicken. Auch Kreisradien und ihre Mittelpunkte (!), Winkel, Neigungen, Abstände zwischen Objekten und ihre Querschnitte etc. müssen in ihren Dimensionen erschöpfend beschrieben werden.

Die von Ihnen festgelegte Geometrie muss, damit sie vom Plan (2D) zum realen Objekt (3D) umgesetzt werden kann, vollständig maßlich/nummerisch erfasst und bestimmt sein. Dies ist natürlich von der jeweiligen Planungsphase abhängig. Eine Ideenskizze/ein Vorentwurf wird anders (nicht so detailliert) bemaßt wie ein Ausführungsplan.

Die Pläne werden von unten und von rechts gelesen; den Bezug dazu bildet der Plankopf. Dieser Regel muss die gesamte Beschriftung, also auch die Bemaßung folgen. Auf dem Kopf stehende Zahlen oder Beschriftungen entsprechen nicht der DIN 1356 und tragen nicht zur einfachen Lesbarkeit und Deutung der zeichnerischen Objektdarstellung bei.

Bemaßung

Öffnungen nur schematisch dargestellt, M ≤ 1:100
Maßhilfslinie
Maßlinie
Maßzahl
499
667
199
300
Maßlinienbegrenzung
300
199
100
199
199
101
226
499
200
BRH. 75
Abstand der Maßketten
10–20 mm
99
126
174
151
24
349
24
5–10 mm
100
399
5–10 mm
Maßkette
100
199
199
101
226
499
200
BRH. 75
99
126
174
151
24
349
24
100
399

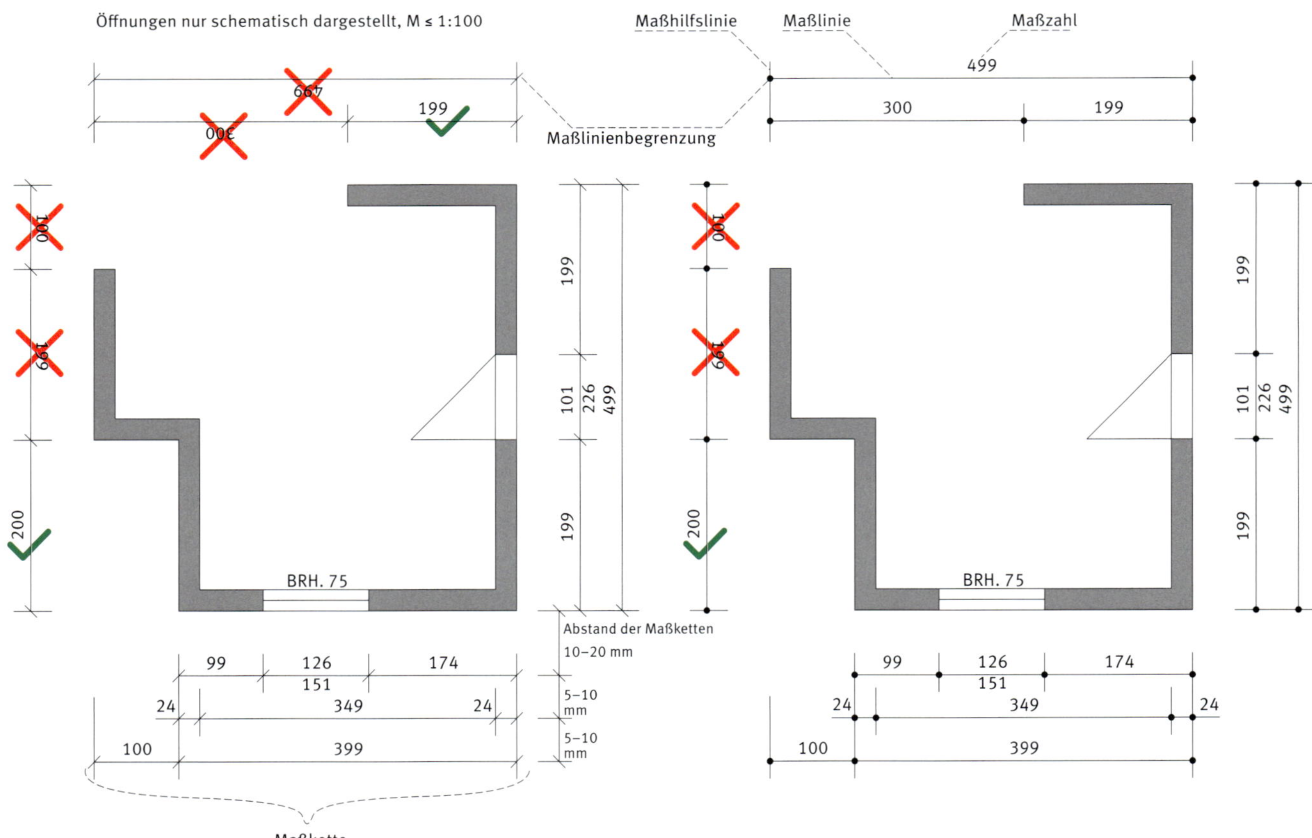

Um die Geometrie des (Bau)Objektes abschließend zu definieren, ist eine vollständige (!) Bemaßung aller Teile erforderlich. Diese setzt sich aus der Maßlinie, der Maßhilfslinie, der Maßlinienbegrenzung (oder auch Maßbegrenzungszeichen) und dem Wichtigsten, der Maßzahl, zusammen. Wie in der Abbildung z.T. dargestellt, gibt es für das Maßbegrenzungszeichen verschiedene Darstellungsmöglichkeiten. Neben dem üblichen Schrägstrich von links unten nach rechts oben unter 45°, kann man auch Punkt, Pfeil, liegendes Kreuz (x), Kreis etc. verwenden.

Die jeweilige Wahl spricht eher vom Temperament des Zeichners/der Zeichnerin; denn ihren Zweck, die Maßlinie in Bezug auf die Maßhilfslinie/Maßzahl zu begrenzen, erfüllen sie alle. Beachten Sie bitte, dass Maßzahlen, die einen anderen Wert angeben als es nach der grafischen Darstellung der Fall wäre, unterstrichen werden müssen. Zum Beispiel ist dies bei Maßänderungen der Fall, wenn die Zeichnung selbst an die veränderte Geometrie nicht angepasst werden kann oder soll.

Bei der Bemaßung von Öffnungen (Türen, Fenster etc.) wird ihre Breite immer oberhalb, die Höhe immer unterhalb der Maßlinie angegeben. Die Brüstungshöhe (Fenster) wird bei der jeweiligen Öffnung platziert.

Die Maßhilfslinien, die sich auf dieselbe Kante oder denselben Punkt in der (Bau)Zeichnung beziehen, müssen über die Maßlinien/Maßketten durchgezogen und nicht zwischendurch unterbrochen werden. Hier könnte der Eindruck entstehen, dass sie sich auf unterschiedliche Kanten/Punkte beziehen und damit zu Deutungsunsicherheiten kommen.

Da die Pläne von unten und von rechts gelesen werden, wozu die Lage/die Ausrichtung des Plankopfes den Ausschlag gibt, muss die gesamte Bemaßung als auch die Beschriftung dieser Regelung folgen. Auf dem Kopf stehende Zahlen oder Buchstaben entsprechen nicht der DIN 1356 und tragen nicht zur einfachen Lesbarkeit und Deutung der zeichnerischen Objektdarstellung bei.

Darstellungstiefe der Öffnungen M ≤ 1:50

Bemaßung

Darstellungstiefe der Öffnungen M ≤ 1:50

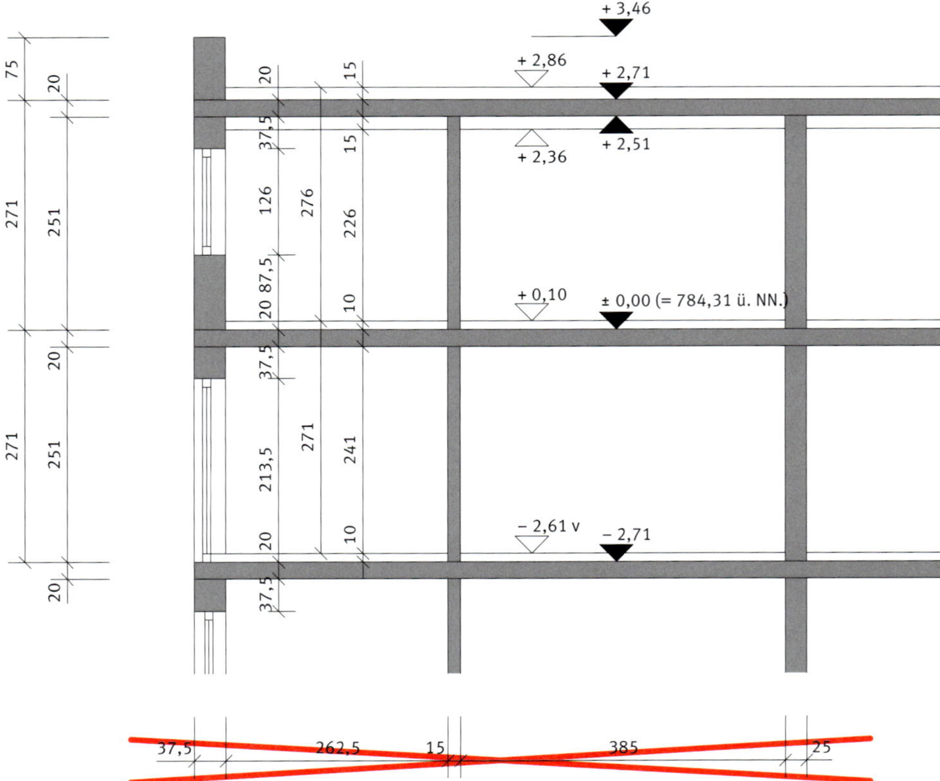

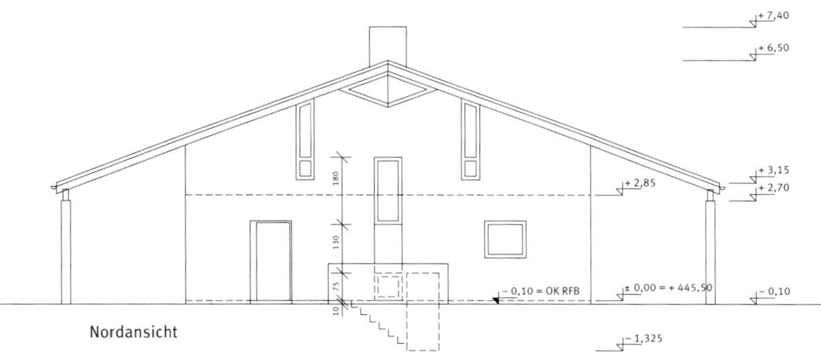

Bemaßung – Höhenkoten

Nordansicht

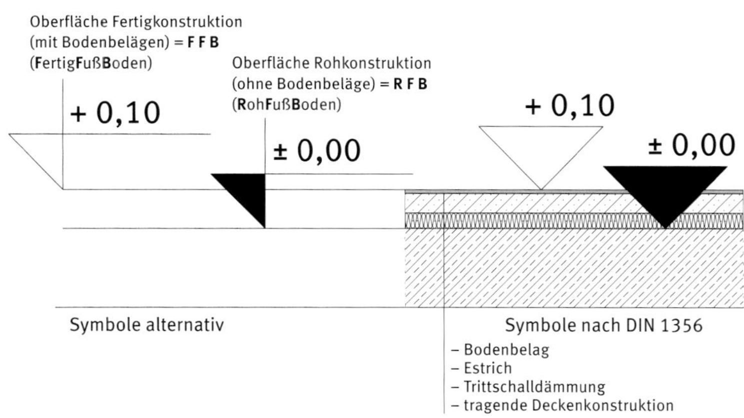

Oberfläche Fertigkonstruktion
(mit Bodenbelägen) = **F F B**
(**F**ertig**F**uß**B**oden)

Oberfläche Rohkonstruktion
(ohne Bodenbeläge) = **R F B**
(**R**oh**F**uß**B**oden)

Symbole alternativ

Symbole nach DIN 1356
– Bodenbelag
– Estrich
– Trittschalldämmung
– tragende Deckenkonstruktion

Weil die horizontale Geometrie der Objekte in den Grundrissen festgelegt und vollständig (!) bemaßt wird, spielt diese in den Schnitten (vertikale Schnitte) keine wichtige Rolle mehr. Hier sollte sich die Bemaßung ausschließlich auf die vertikalen Ausdehnungen beschränken. Eine sinnvolle Ausnahme bildet aber die Bemaßung von Achsen, die auch in dieser Projektion des Objektes von Belang und daher darzustellen sind. Dies ist auch bei der Bemaßung von Ansichten analog anzuwenden.

In den Ansichten reicht es in der Regel aus, mit Höhenkoten die wichtigen Elemente des (Bau)Objektes maßlich zu fixieren. Die Höhenlage der Rohkonstruktion (ohne weitere Bekleidungen) wird mit schwarz gefüllten Dreiecken, die Fertigkonstruktion (mit Bekleidungen/Belägen) mit weiß gefüllten Dreiecken gekennzeichnet. Darüber hinaus müssen die Teile bemaßt werden, die in den Grundrissen nicht darstellbar sind. Ein Beispiel dafür können z. B. zwei (oder mehrere) innerhalb eines Geschosses übereinander liegende (gleich breite) Öffnungen sein. In der Ansicht und/oder in den Schnitt(en) ist es für ihre »Verortung« also unabdingbar, zumindest ihre Höhenlagen zu bemaßen.

Bemaßung

Darstellungstiefe der Öffnungen M ≥ 1:50

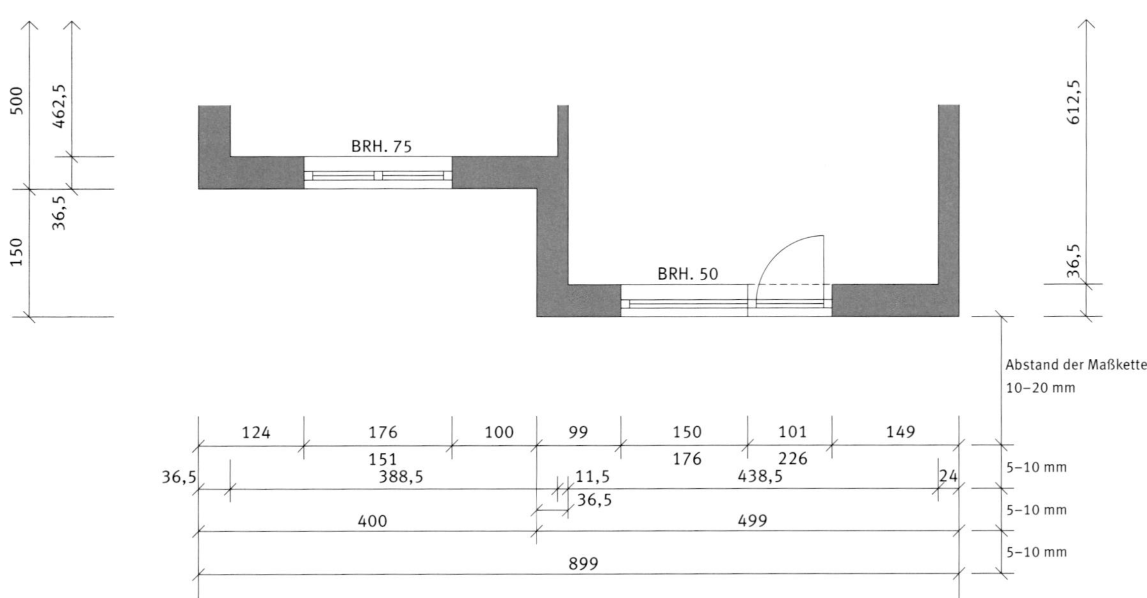

Bemaßung von Achsen

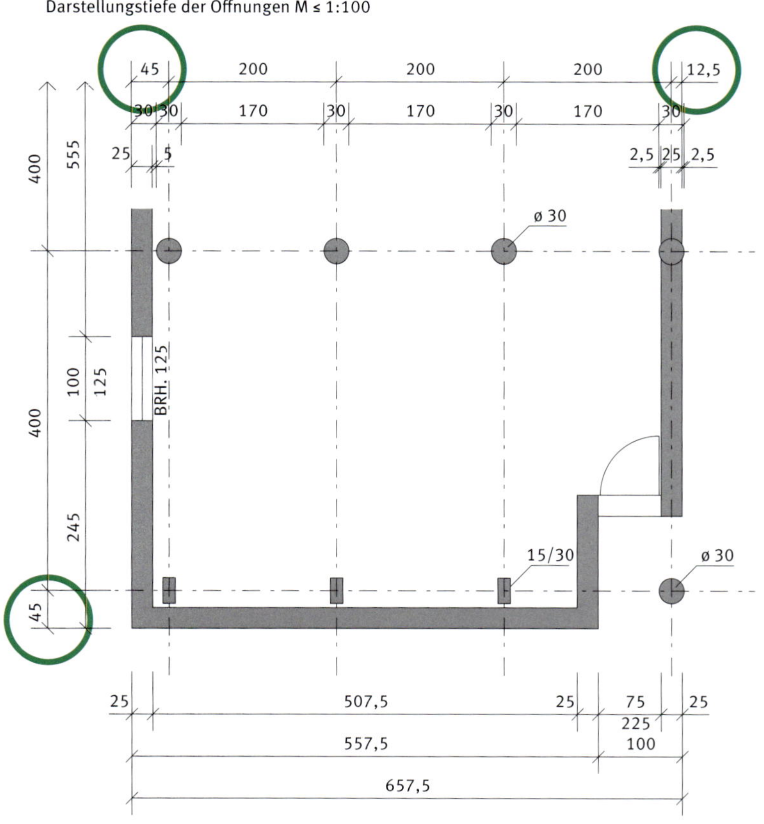

Bei der Bemaßung von (Bau)Objekten wird zur besseren Lesbarkeit eine »Hierarchie der Maßketten« angewandt. In der ersten Reihe (Maßkette) sind die Öffnungen in der Fassade vermaßt; in der zweiten und den weiteren Reihen die Raum- und Wandmaße innerhalb des Objektes, und zwar sinngemäß von Innen nach Außen. In der vorletzten Reihe sind die Abschnitte der äußeren Gliederung des Objektes vermaßt und in der letzten, äußersten Reihe die Gesamtabmessung des Objektes.

Bei komplizierten Objektgrundrissen (»Objektinnereien«) ist es in der Regel übersichtlicher, die Maßketten direkt an den zu bemaßenden Stellen durch das Objekt zu legen.

Die Bemaßung von Achsen kann je nach Art und Platzverhältnissen an der ersten Stelle (vor den Öffnungsmaßen), oder an der letzten (hinter dem Gesamtmaß) liegen. Dabei ist zu beachten, dass die Achsmaße an die anderen Maßketten angebunden werden müssen – wo liegen die Achsen, sind sie zu den Bau-Teilen mittig oder außermittig geführt?

Grafische Maßstäbe

Grafische Vielfalt ...

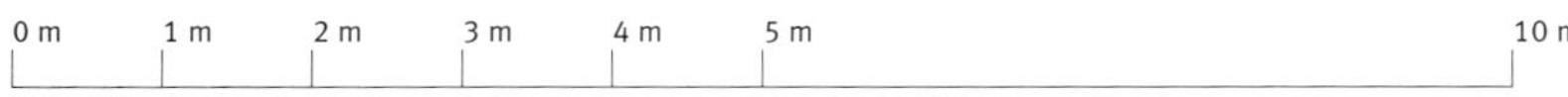

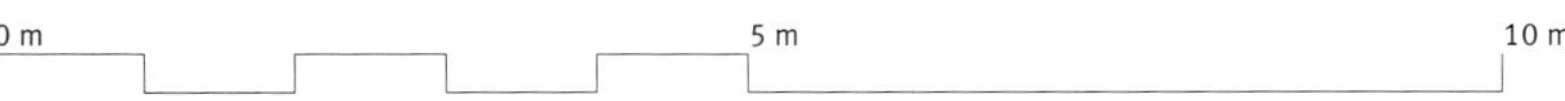

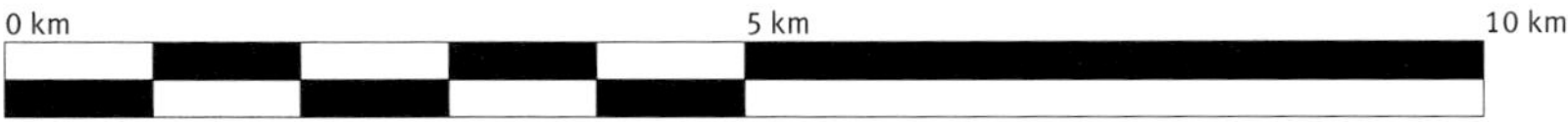

Überall dort, wo mit einer Weiterverarbeitung/Weiterverwendung (z. B. Veröffentlichungen in Druckmedien etc.) der Zeichnungen zu rechnen ist, eignen sich zur Sicherstellung der Nachvollziehbarkeit des Maßstabes die grafischen Maßstäbe. Sie können zwar bei der Umrechnung etwas »anspruchsvoll« sein, helfen aber dem Betrachter nachhaltig die Geometrie und ihre Dimensionen nachzuvollziehen.

Maßstäbe und Planungsstufen

Maßstab	Planungsstufe
1:10000/5000	Bauleitpläne – städtebauliche Entwicklungsplanung, Flächennutzungsplan (FNP)
1:2500/2000	Bauleitpläne – städtebauliche Entwicklungsplanung, Flächennutzungsplan (FNP)
1:1000/500	Bauleitpläne – Bebauungsplan, städtebaulicher Rahmenplan, amtlicher Lageplan, Vorentwurfsskizzen
1:250/200	Lageplan, Vorentwurfsskizzen, Vorentwurfsplan, Entwurfsplan
1:100	Entwurfsplan, Bauvorlagenplanung/Baueingabeplanung/Genehmigungsplanung etc.
1:50	Ausführungsplanung – Werkzeichnungen/Werkplanung
1:25/20	Ausführungsplanung – Werkzeichnungen/Werkplanung
1:10/5/1	Ausführungsplanung – Detailzeichnungen

Zu jeder Planungsstufe, oder jedem Planungsschritt gehört ein angemessener Maßstab. Die Planung geht in der Regel vom Groben zum Feinen, also deduktiv vor sich. Es ist darum nur sinnfällig, dass der Weg vom kleinen Maßstab zum großen geht. Die erste Skizze der »großen« Zusammenhänge eines (Bau)Objektes wird immer eher im M 1:1000 als im M 1:10 ausfallen; dass hier der gewählte Zeichnungsmaßstab im direkten Zusammenhang mit der realen (Bau)Objektgröße zusammenhängt ist offensichtlich. So werde ich eine Türklinke zuerst eher im M 1:1 zeichnen als im M 1:200 und die Ausarbeitung der Details dazu wird im M 5:1 oder sogar noch größer ausfallen. Was unbedingt bei Detaildarstellungen vermieden werden sollte ist der Maßstab 1:2. Dieser liegt sehr nah an M 1:1 und kann zu unerwünschten Verwechslungen führen. Der Darstellungsmaßstab hängt direkt mit der Darstellungstiefe zusammen und umgekehrt!

Beim Zeichnen mit CAD-Systemen wird meistens im M 1:1 konstruiert, dies verführt systemimmanent zur hohen Darstellungstiefe/zum hohen Detaillierungsgrad. Das hat zur Folge, dass die in einem kleineren Maßstab (z. B. 1:200) ausgedruckte/geplottete Zeichnung wegen zu vieler, ineinander fließenden Linien nicht mehr leserlich ist. Also Vorsicht vor der »Maßstabsfalle«!

Liniendicken und -arten

Arten	Anwendungsbereich	Maßstab				
		1:1	1:5, 1:10	1:50	1:100	1:200
Volllinie breit	Begrenzung von Flächen geschnittener (Haupt)Bauteile	1,4	1,0	0,7	0,5	0,35
Volllinie mittelbreit	Sichtkanten, sichtbare Umrisse von Bauteilen, Begrenzung von kleinen/schmalen Flächen geschnittener Bauteile, <u>Maßzahlen</u>	0,7	0,5	0,35	0,25	0,18
Volllinie schmal	Raster-, Maß-, Maßhilfs-, Hinweis-, Lauflinien, Höhenlagen, Schraffuren, Begrenzung von Ausschnittdarstellungen, vereinfachte Darstellungen	0,5	0,35	0,25	0,18	0,18
Strichlinie mittelbreit	verdeckte/unsichtbare Kanten, verdeckte/unsichtbare Umrisse von Bauteilen	0,7	0,5	0,35	0,25	0,18
Strichlinie schmal	Nebenrasterlinien (nach Bedarf auch Bauteile vor und/oder über der Schnittebene)	0,5	0,35	0,25	0,18	0,18
Strichpunktlinie breit	Kennzeichnung der Lage von Schnittebenen	1,4	1,0	0,7	0,5	0,35
Strichpunktlinie mittelbreit	Achsen	0,7	0,5	0,35	0,25	0,18
Strichpunktlinie schmal	Kennzeichnung von Änderungen (Versprüngen) im Schnittverlauf	0,5	0,35	0,25	0,18	0,18
Punktlinie	Bauteile vor und/oder über der Schnittebene	0,7	0,5	0,35	0,25	0,18
Freihand- oder Zickzacklinie	Begrenzung von abgebrochenen oder unterbrochen dargestellten Grundrissen, Schnitten und Ansichten	0,5	0,35	0,25	0,18	0,18
Maßzahlen	Schriftgröße in mm, Linienbreite siehe oben	10,0	7,0	5,0	3,5	2,5

Darstellung von Schnittflächen

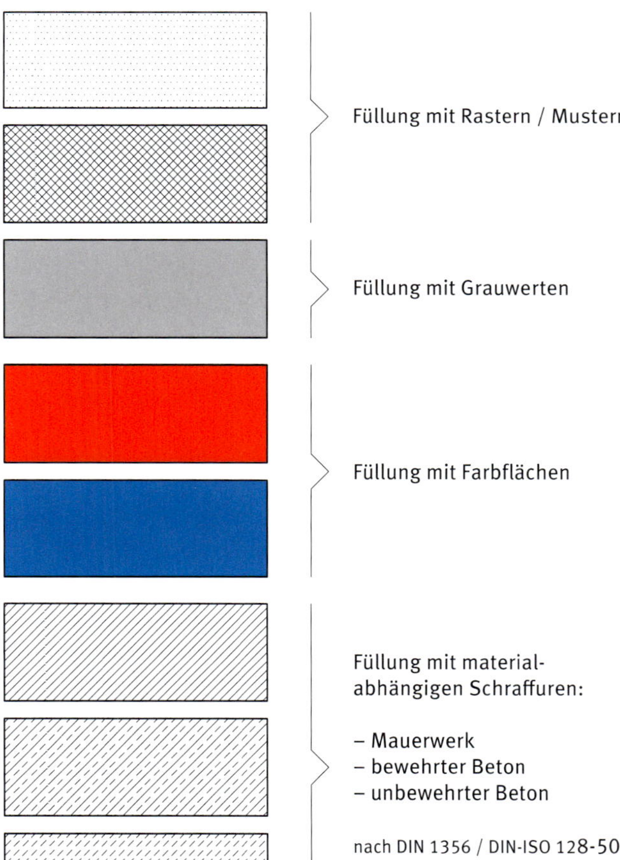

Füllung mit Rastern / Mustern

Füllung mit Grauwerten

Füllung mit Farbflächen

Füllung mit material-
abhängigen Schraffuren:

– Mauerwerk
– bewehrter Beton
– unbewehrter Beton

nach DIN 1356 / DIN-ISO 128-50

Um die unterschiedlichen Bedeutungsinhalte einer Zeichnung deutlich darzustellen, sollte man sich verschiedener Linienbreiten und Linienarten bedienen. So dienen z. B. die dicken Volllinien dazu, die Umrisse geschnittener Teile zu kennzeichnen, um sie (auch) dadurch von den in der Ansicht gezeichneten Teilen zu unterscheiden.

Sowohl in horizontalen (Grundrissen) als auch in vertikalen (Schnitten) Schnittzeichnungen muss immer zwischen den geschnittenen und den nur in der Ansicht abgebildeten (Bau) Teilen/Elementen unterschieden werden. Dies kann auf unterschiedliche Weise geschehen:

1. Die Umrisse der geschnittenen (Bau)Teile werden mit einer breiteren Linie (s. dazu auch DIN 1356) umrandet als Bauteile in der Ansicht.

2. Die Fläche der geschnittenen Elemente wird mit Mustern (Rastern) mit Grauwerten oder vollflächig mit Farbe angelegt.

3. Die Fläche der geschnittenen Elemente wird materialabhängig mit den in der DIN 1356 und/oder DIN-ISO 128-50 festgelegten Schraffuren vollflächig ausgefüllt.

Materialkennzeichnungen – Schnittflächen

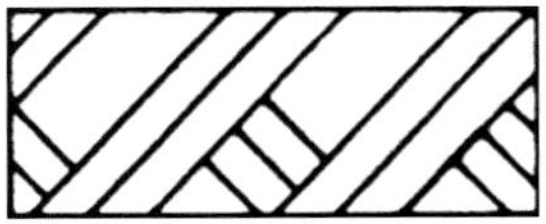

gewachsener Boden
/Erdreich

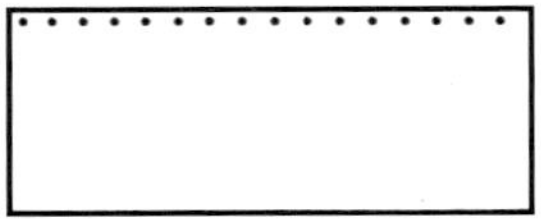

aufgefüllter Boden

Kies

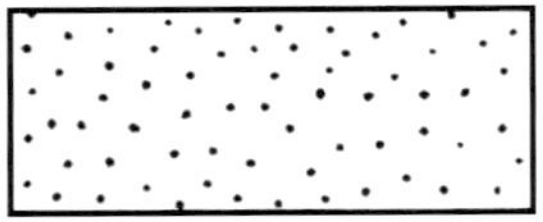

Sand

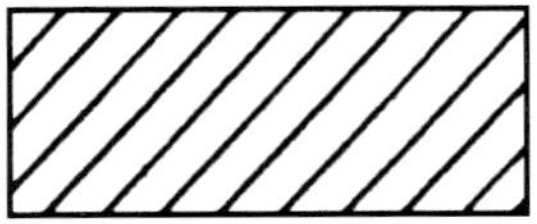

Mauerwerk
künstliche Steine

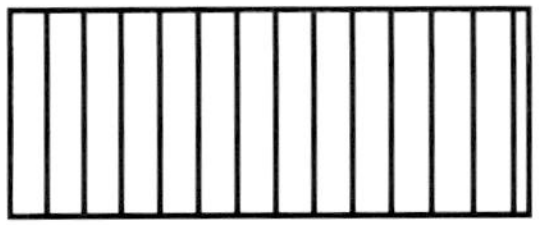

Mauerwerk
Naturstein

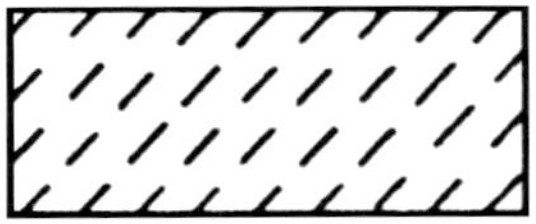

Beton unbewehrt

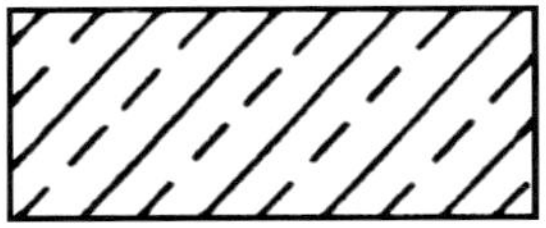

Beton bewehrt

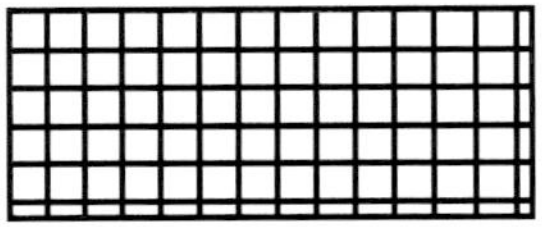

Betonfertigteil

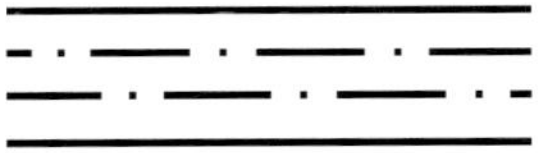

Glas

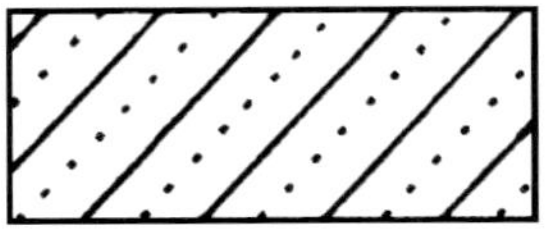

Estrich

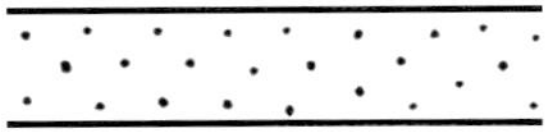

Putz, Mörtel

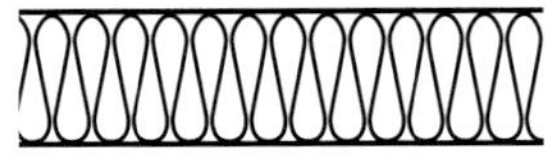

Dämmstoff
z. B. Wärmedämmung

Dichtstoff
z. B. dauerplastische Verfugung

Abdichtung
z. B. wasserführende
Schicht

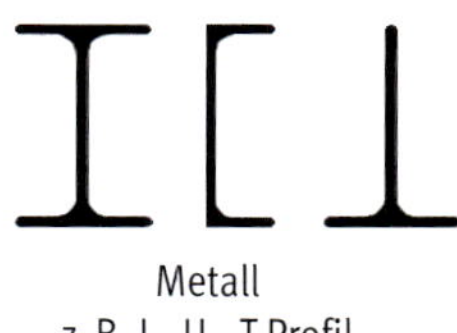

Metall
z. B. I-, U-, T-Profil

 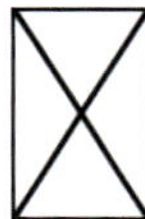

Holz
Quer zur Faser
geschnitten

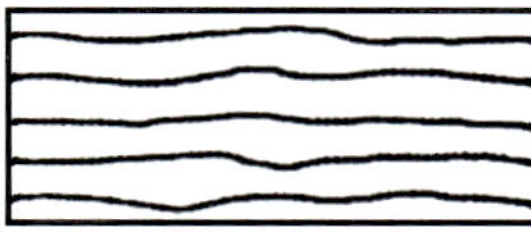

Holz
Längs zur Faser
geschnitten

Darstellung von Schnittflächen

Schnittflächen bei Änderung und/oder
Neuerstellung baulicher Anlagen

bestehende
Bauteile

neu zu errichtende
Bauteile

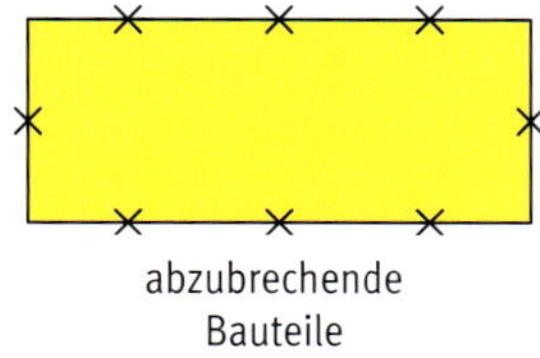

abzubrechende
Bauteile
(entw. Farbe oder liegende Kreuze)

Die Bauzeichnungen legen nicht nur die Objektgeometrie fest, sie sollen auch die unterschiedlichen Materialitäten darstellen. Hierzu gibt es in der DIN 1356 und/oder DIN/ISO 128-50 entsprechende Vereinbarungen, die die Lesbarkeit auch international gewährleisten sollen.

Beachten sie dabei, dass die DIN-ISO 128-50 zu der DIN 1356 unterschiedliche Schraffuren zu gleichen Materialien vorschlägt! Die Priorität sollte hier jedenfalls die für das Bauzeichnen zuständige DIN 1356 haben.

Besondere Vorsicht ist bei schraffierten oder farbigen Darstellungen in der Genehmigungsplanung (Bauantrag) geboten. Hier werden von Bundesland zu Bundesland und von Baurechtsamt zu Baurechtsamt z. T. noch unterschiedliche »Bräuche« gepflegt. Es ist daher sinnvoll sich bei der zuständigen Behörde rechtzeitig zu informieren.

Es ist offensichtlich, dass die verschiedenen Material-Schraffuren nicht in jedem Zeichnungs- und Ausgabemaßstab sinnvoll verwendbar sind. Hier wird empfohlen, diese erst ab dem Maßstab ≥ 1 : 50 und vor allem in den Detailzeichnungen im M 1 : 5 und 1 : 10 zu verwenden. Vollflächige Flächenfüllungen (Grauwerte, Farben) in geschnittenen (Bau)Teilen sind auch in kleineren Maßstäben (1 : 100, 1 : 200 etc.) empfehlenswert.

Darstellung der Türen

Türöffnung – Darstellung bis M ≤ 1:200

Türart – Darstellung ab M ≥ 1:100

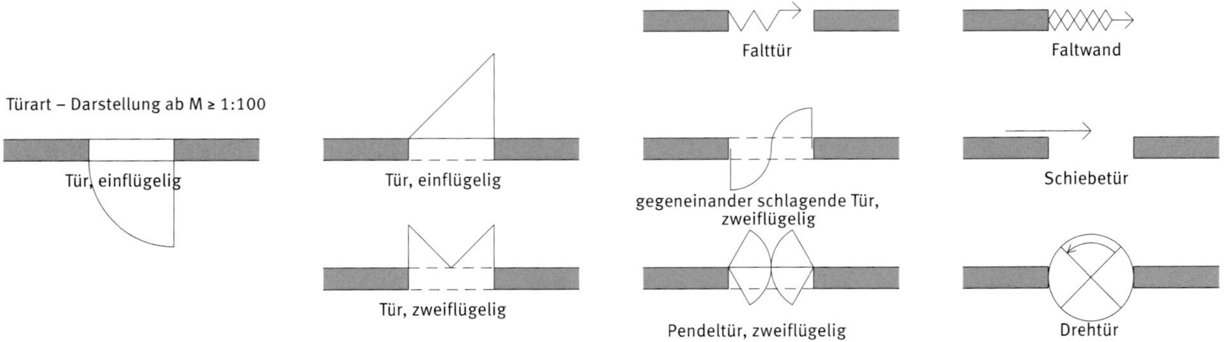

Falttür

Faltwand

Tür, einflügelig

Tür, einflügelig

gegeneinander schlagende Tür, zweiflügelig

Schiebetür

Tür, zweiflügelig

Pendeltür, zweiflügelig

Drehtür

Türöffnung – Darstellung ab M ≥ 1:100

Ansichten

Grundrisse

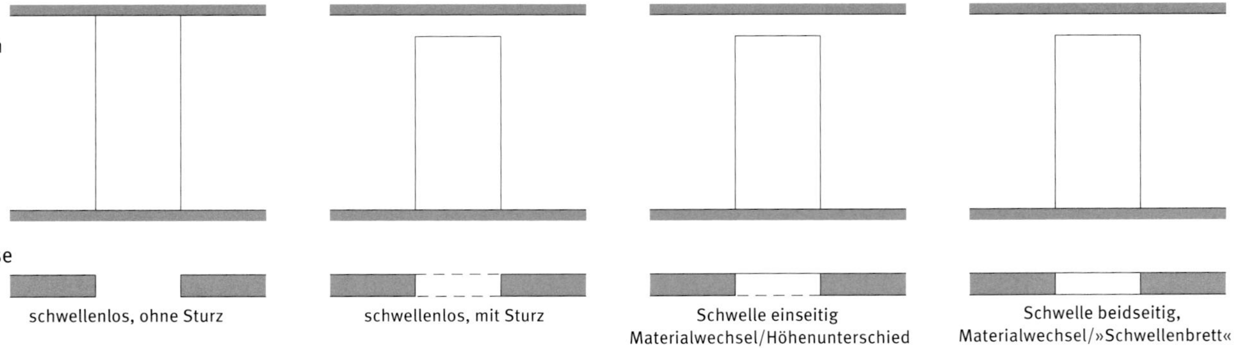

schwellenlos, ohne Sturz

schwellenlos, mit Sturz

Schwelle einseitig
Materialwechsel/Höhenunterschied

Schwelle beidseitig,
Materialwechsel/»Schwellenbrett«

Bei der Darstellung von Öffnungen, hier die Türen, muss man sowohl den Zeichnungsmaßstab berücksichtigen als auch die Art der »Füllung« beachten. Es gibt unterschiedliche Arten von Türen, die entsprechend gezeichnet werden. In Bezug auf die Darstellungstiefe gilt: Je größer der Maßstab desto detaillierter sollte die zeichnerische Darstellung ausfallen. So reicht im M 1:200 ein einfaches »Loch« in der Wand. Im M 1:50 sollte schon neben der Öffnungsart auch die Schwelle oder Bodenbelagswechsel und/oder der Sturz dargestellt werden. Die Stürze (Objekte über der Schnittebene) sollen nach der DIN 1356 mit einer Punktlinie gezeichnet sein. In der Praxis (z. B. Bleistiftzeichnung!) kann es aber auch eine Strichlinie sein.

Bei der Bemaßung von Türen sollten Sie beachten, dass das Nennmaß (= Rohbaumaß) für Türöffnungen von OK FFB (Oberkante Fertigfußboden) gerechnet wird. Das heißt, dass Sie für die Höhenbemaßung einer Tür zu diesem Maßwert noch den gesamten Fußbodenaufbau hinzurechnen müssen! Zum Beispiel 213,5 cm (Türhöhe) + 14,0 cm (Fußbodenaufbau) = 227,5 cm (Maßzahl der Höhe für das »Loch« in der Wand vom Rohboden aus).

Darstellung der Fenster

Sicht auf Fenster von außen / Fassadenansicht
Darstellung der Öffnungsart ab M ≥ 1:100

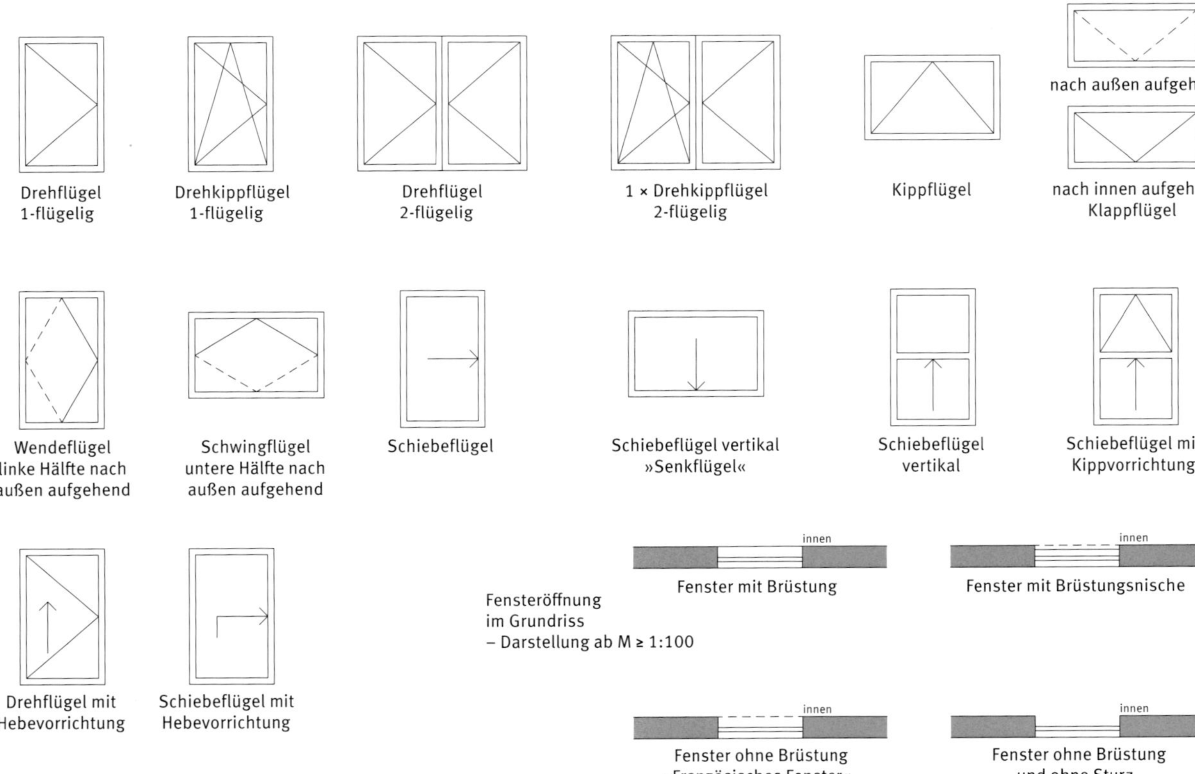

Öffnungsart – Darstellungstiefe M ≥ 1:100

Wie schon bei den Türen ist die Darstellung von Fenstern sowohl in den Ansichten als auch in den Grundrissen und Schnitten vom Zeichnungsmaßstab abhängig. Die hier gezeigten Kennzeichnungen verschiedener Öffnungsarten in der Ansicht von außen (Fassadenansicht) sollten ab dem Maßstab $\geq 1:100$ angewandt werden. Sie werden ausschließlich in den Ansichten und nicht in den Grundrissen, mit Ausnahme von Fenstertüren, verwendet. Mit anderen Worten: die Öffnungsart und Öffnungsrichtung von Fenstern werden in den Grundrissen nicht dargestellt.

Eine Volllinie kennzeichnet die Öffnungsrichtung des Fensterflügels (Tür-) nach innen in den Raum, eine Strichlinie die Öffnungsrichtung nach außen vor die Fassade.

Die Stürze (Objekte über der Schnittebene) sollen nach der DIN 1356 mit einer Punktlinie gezeichnet sein. In der Praxis kann es aber auch eine Strichlinie sein.

Die Darstellungstiefe der Fenster in den Grundrissen folgt analog den Angaben zu den Türen.

Darstellungstiefe im Verhältnis zum Maßstab

M 1 : 200

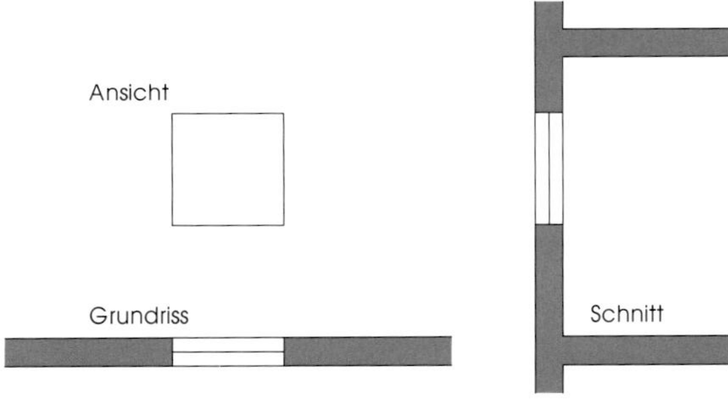

M 1 : 100

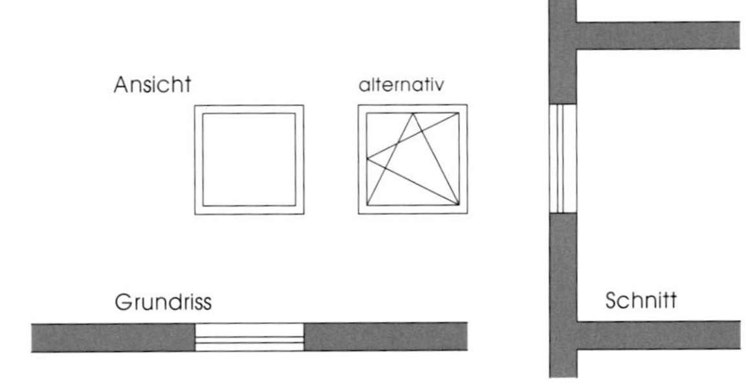

M 1 : 50

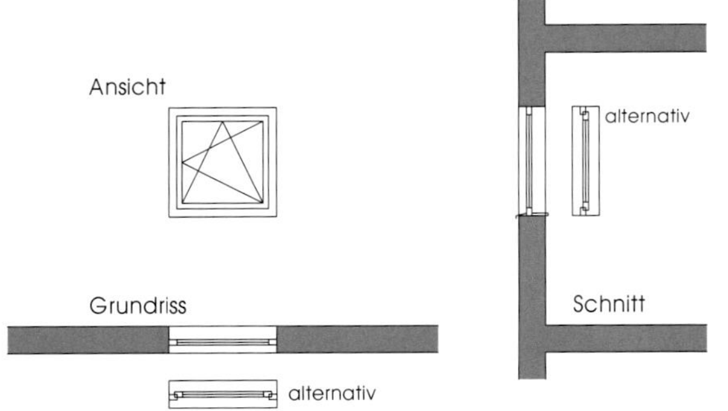

M 1 : 5 / 10

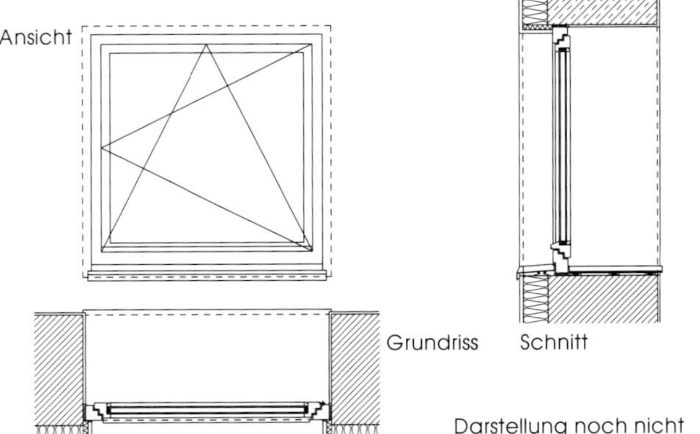

Darstellung noch nicht
beschriftet und bemaßt!

Darstellungen nicht im Originalmaßstab

In unterschiedlichen Maßstäben sollen der Lesbarkeit wegen unterschiedliche Darstellungstiefen/Detaillierungsgrade angewandt werden. Das heißt, je größer der Maßstab (z. B. 1 : 50), desto detaillierter sollen die Planinhalte dargestellt werden und umgekehrt, je kleiner der Maßstab (z. B. 1 : 500), desto abstrahierter sollen sie gezeichnet werden. Diese Regel folgt einfach der manuellen Darstellbarkeit von Objekten/Teilen in den Zeichnungen. Bei der Verwendung von Bleistift, Tuschezeichner etc. sind dem Detaillierungsgrad durch die jeweiligen Linienbreiten und die manuelle (Finger)Fertigkeit natürliche Grenzen gesetzt. Dies entfällt beim »virtuellen« Zeichnen.

Also – nochmals – Vorsicht vor der »Maßstabsfalle« im CAD! Das computerunterstützte Zeichnen, in dem das Objekt virtuell im M 1 : 1 konstruiert wird, verführt systemimmanent zur hohen Darstellungstiefe/zum hohen Detaillierungsgrad. Das hat zur Folge, dass die im kleinen Maßstab (z. B. 1 : 200) ausgedruckte/geplottete Zeichnung wegen zu vieler, ineinander fließender Linien nicht mehr leserlich ist. Darüberhinaus ist es vollkommen unwichtig z. B. in Schnitten im M 1 : 50 die jeweiligen Bodenaufbauten detailliert darzustellen, da diese Information hier überflüssig ist. Dies gehört in die Details (M 1 : 5/10), die auch im Falle etwaiger Änderungen wesentlich einfacher anzupassen sind.

Beschriftung von Details

Dachaufbau
– Dachdeckung (Dachziegel)
– Lattung + Konterlattung
– Diffusionsoffene Unterspannbahn
– Schalung (Bretter/Spanplatten o. ä.)
– Dachkonstruktion (Sparren)
– Wärmedämmung zwischen Sparren ≥ 200 mm
– Dampfsperre
– Lattung + Konterlattung (Installationsebene)
– Bekleidung (Gipskartonplatten, Bretter o. ä.)

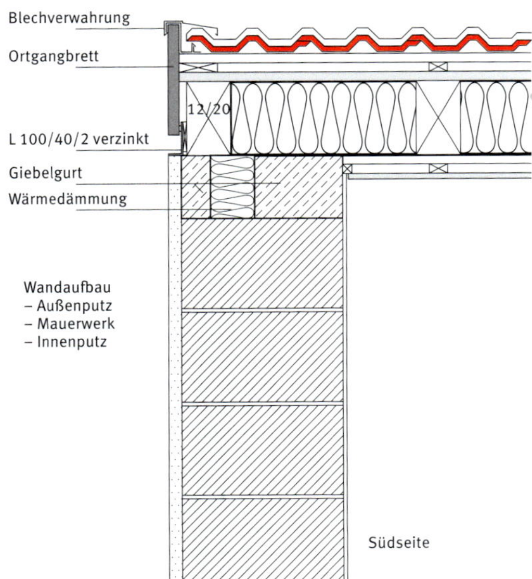

Originalmaßstab 1:10

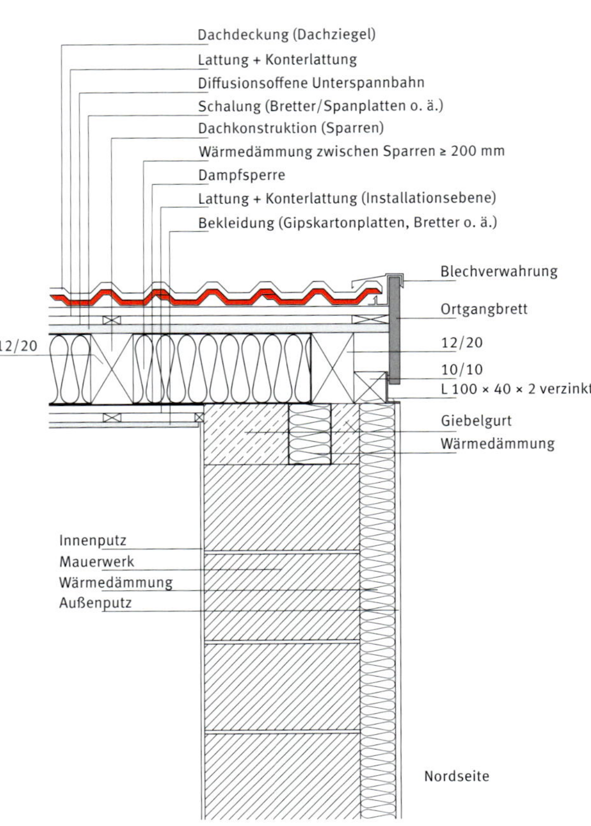

Darstellungen nicht im Originalmaßstab

Beschriftungen von Details und anderen Zeichnungsteilen sollen einem logischen Muster folgen:

Die einzelnen Elemente (Schichten) eines Details/eines Zeichnungsinhaltes von oben nach unten bei waagerechten Anordnungen (z. B. Dächer, Decken, Fußbodenaufbauten etc.) und von links nach rechts bei senkrechten Anordnungen (z. B. Wände) beschriften. Dieses Schema folgt der üblichen Leserichtung bei lateinischen und kyrillischen Schriften. Wenn dies durchgehend befolgt wird, sind u. U. Hinweislinien, wie sie in der DIN 1356 empfohlen werden, nicht weiter erforderlich.

Elemente (Teile), die sich keiner Schichtung zuordnen lassen, sind mit Hilfe von Hinweislinien zu benennen.

Die in diversen Publikationen verwendete Nummerierung der einzelnen Elemente (Schichten) und deren zusammengefasste Bezeichnung in einer Legende ist für diese Art von Präsentationen sicher sinnvoll und rationell; für die Beschriftuung auf den Bauplänen allerdings unübersichtlich und irritierend und sollte vermieden werden.

Hinweise auf Details

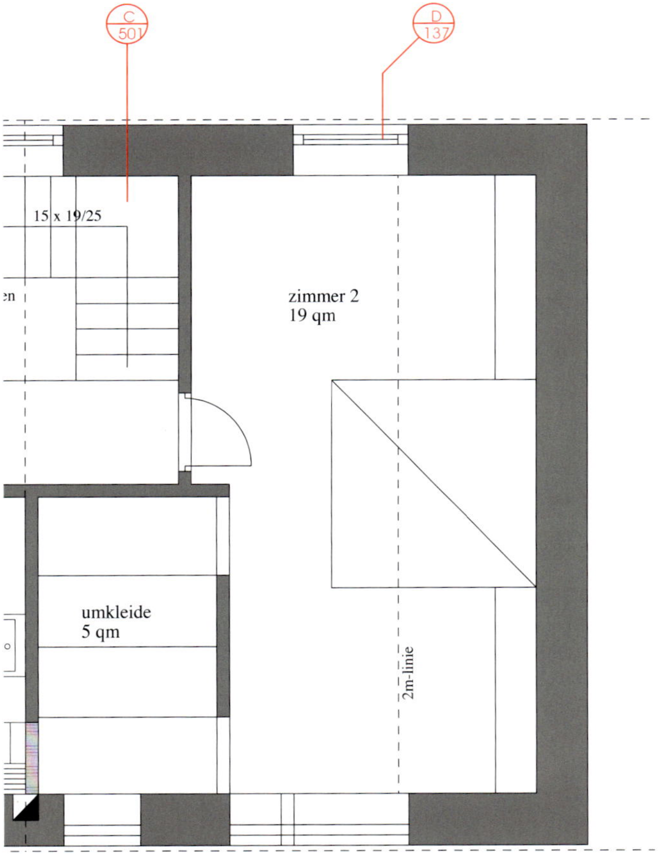

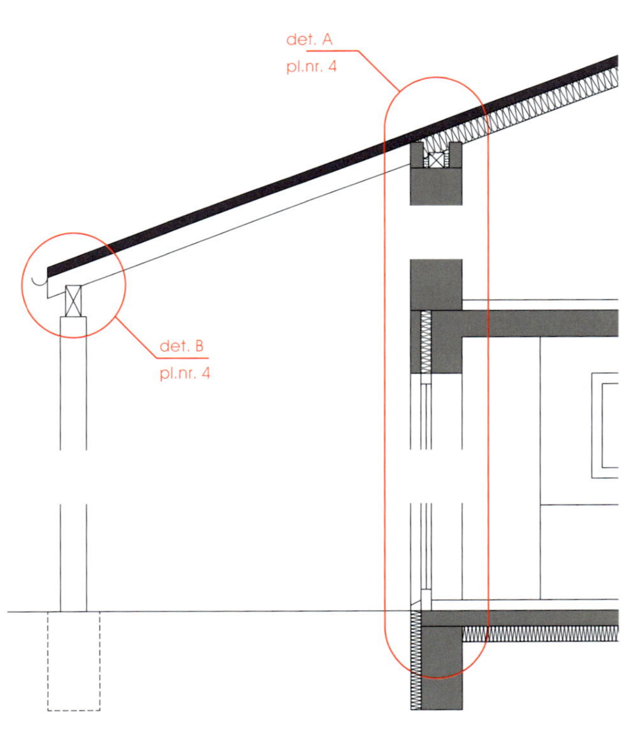

Darstellungen nicht im Originalmaßstab

Begrenzung eines Zeichnungsausschnittes

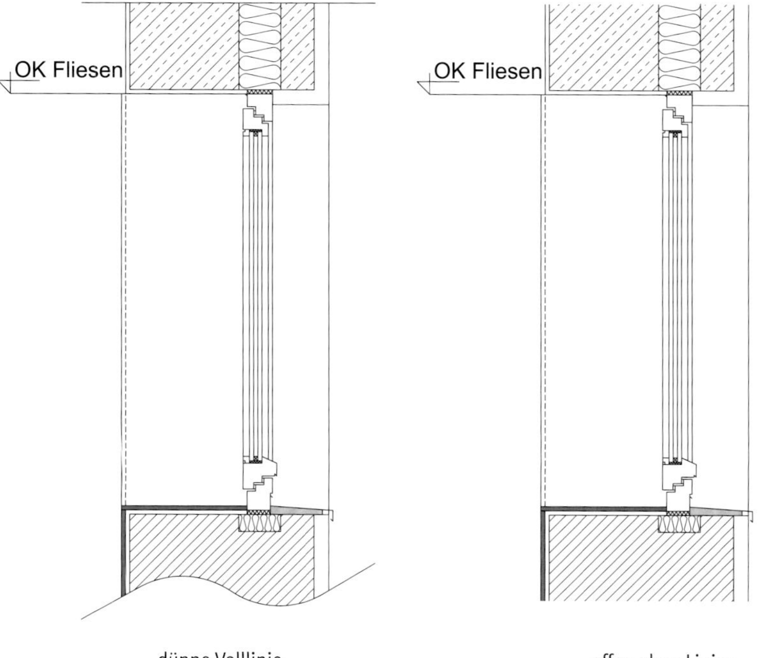

dünne Volllinie

offen ohne Linien

In der Ausführungsplanung, die im M 1 : 50 für die Realisierung gezeichnet wird, bleiben viele Teilbereiche für die ausführenden Firmen/Handwerker unklar. Hier setzen Detaildarstellungen in größeren Maßstäben (1 : 10, 1 : 5) an. Damit die Ausführenden wissen, wo sie die Details finden, ist es notwendig, diese zu kennzeichnen. Dies geschieht nach Bedarf sowohl in der Horizontalen (Grundrisse) als auch in der Vertikalen (Schnitte, Ansichten). Sie sollen also die Orte der Grundriss-Details im Grundriss und die Orte der Schnitt-Details in den Schnitten kennzeichnen. Es gibt wie dargestellt mindestens zwei Arten für diese Kennzeichnung. Achten Sie darauf, dass innerhalb eines Projektes diese Hinweis-Arten konsistent bleiben. Die Kennzeichnung links (im Schnitt) kann selbstverständlich auch im Grundriss verwendet werden und umgekehrt. Beide Beispiele zeigen mit unterschiedlicher grafischen Darstellung an, dass ein Detail, z. B. »D« auf dem Plan Nr. »137« zu finden ist …

Zeichnungsausschnitte, also Zeichnungen, die nicht das ganze Objekt darstellen, werden entweder mit einer dünnen Volllinie begrenzt, oder können auch »offen« belassen werden. Das heißt, die einzelnen Linien, Schraffuren und/oder sonstigen Füllungen hören an einer gedachten (geraden?) Linie ohne weitere Begrenzung auf.

Raumstempel/Hinweiswolke

Raumstempel

1	2	
124	Küche	
3	Fl	12,5 m²
4	U	14,1 m
5	Lh	255 cm

Hinweiswolke

Mögliche Inhalte

»Raumstempel«

– (Gebäudenummer/-index) ⎫
⎬ nach Bedarf
– (Geschossnummer/-index) ⎭

– Raumnummer (R-Nr.)

– Raumname/Raumnutzungsangabe

– Bodenfläche (Fl)/= Deckenfläche

– Raumumfang (U)

– Wandfläche (W-Fl.)

– Bodenmaterial(ien)/-bekleidung(en)

– Deckenbekleidung(en)

– Wandbekleidung(en)

– lichte Höhe (Lh)

1	Raumnummer
2	Raumbezeichnung
3	Raumfläche
4	Raumumfang
5	lichte Raumhöhe

Der Raum-Stempel beinhaltet wichtige Informationen über den jeweiligen Raum und/oder Bereich, die nicht in der reinen Strichzeichnung erfasst werden können. Er sollte ein selbstverständlicher Bestandteil jeder Ausführungsplanung (M 1 : 50) sein. Seine Notwendigkeit ist von der Komplexität Ihres Projektes abhängig. Was aber allemal in jeden Werkplan im M 1 : 50 (wie schon in der Genehmigungsplanung) gehört, ist die Bezeichnung (Nutzungsart) der einzelnen Räume/Bereiche und ihre Fläche.

Im Zuge der Planung ergeben sich immer und immer wieder irgendwelche Änderungen. Sei es an der Geometrie, in der Raumdisposition, der Öffnungsarten der Fenster etc. Die geänderten Pläne müssen dann termingerecht den Ausführenden übergeben werden. Damit diese sofort, ohne zeitraubendes Suchen die veränderte Ausführung erkennen können, ist die Hinweiswolke ein geeignetes grafisches Mittel. Sie kann auch in der Kommunikation zwischen den Planenden als Hinweis genutzt werden: Was und wo muss in den jeweiligen Plänen überall noch geändert/ergänzt werden?

el. Herd/Gasherd

Spüle

Geschirrspülmaschine

Kühlschrank

Waschmaschine

Waschbecken

WC/Bidet

Urinal

Badewanne

Dusche

Flügel/
Klavier

Bett/
Doppelbett mit
Nachttischen

Sofa/
Sessel

Tisch/
runder Tisch

Stühle/
Hocker

Schrank/
Büffet, Anrichte

Kleiderablage/
Garderobe

Darstellungen im M 1:100

Größen der Maßeinheiten

Als Maßeinheit wird im Bauwesen in der Regel das Zentimetermaß verwendet, wobei die Wahl nach der Art des Bauwerkes, des Objektes, getroffen werden sollte. Z.B. wird bei Schreinern oder Schlossern durchweg das Millimetermaß verwendet. Auch die Kombination von Meter und Zentimeter, wie in den unten angegebenen Schreibweisen dargestellt, ist möglich und wird bevorzugt verwendet. Da hier offensichtlich viel Freiheit herrscht, ist es immer sinnvoll, die gewählte Maßeinheit im Schriftfeld/Plankopf in Verbindung mit der Maßstabsangabe aufzuführen und die gewählte Schreibweise im gesamten Planwerk/Projekt einheitlich einzuhalten.

Maßeinheit	Maße				
	< 1 m			> 1 m	
mm	35	250	875	1000	2875
cm	3,5	25	87,5	100	287,5
cm, m	3,5	25	87,5	1,00	2,875
m	$0,03^5$	0,25	$0,87^5$	1,0	$2,87^5$

Projektnummerierung

Beispiele	
0914	Jahr + laufende Nr.
1205	Jahr + laufende Nr.

Planindex

V + Nr.	Vorplanung
E + Nr.	Entwurfsplanung
G + Nr.	Genehmigungsplanung
A + Nr.	Ausführungsplanung/Werkplanung
O + Nr.	Objektüberwachung

Plannummerierung

000 – 099	Lagepläne (Grundrisse, Schnitte, Begrünung)
100 – 199	Grundrisse
200 – 299	Schnitte
300 – 399	Ansichten/Außenwände, -türen, -fenster
400 – 499	Ansichten/Innenwände, -türen, -fenster
500 – 599	Treppen, Geländer/Brüstungen
600 – 699	Balkone, Terrassen, (Blumen)Tröge
700 – 799	Fußböden, abgehängte Decken
800 – 899	Dächer
900 – 999	sonstiges (Möbel, Terminplanung)

Beispiele

E 201	Entwurfsplanung – Schnitt
A 501	Ausführungsplanung – Treppen(detail)

Bauteile

B	Boden	DÜ	Dachüberstand
D	Decke	DF	Dachflächenfenster
W	Wand	UZ	Unterzug
F	Fundament	WN	Wandnische
RFB	Rohfußboden	RR	Regenrohr
FFB	Fertigfußboden	DF	Dehnfuge
Sch	Schacht	HG	Hausgrund
AS	Ankerschiene/Anschlagschiene	BR/BRH	Brüstung/Brüstungshöhe
TS	Trennschiene	HK	Heizkörper
RH	Rohrhülse	HKN	Heizkörpernische
VM	Vormauerung	AD	abgehängte Decke
FE	Fenster	PT	Putztürchen (im Schornstein)
T	Tür	RÖ	Revisionsöffnung
ROLL	Rollladen	BP	Bodenplatte
MR	Rollladenvorbauelement/Minirollladen		
GR	Gurtroller		
KS	Kanalsohle		
BA	Bodenablauf/auch **Bauabschnitt** !		
SK	Sinkkasten/Bodeneinlauf		
DV	Dachvorsprung		

Eigenschaften

FH	feuerhemmend
FB	feuerbeständig

117

Aussparungen

BD	Bodendurchbruch
BK	Bodenkanal
BS	Bodenschlitz
DD	Deckendurchbruch
DS	Deckenschlitz
FD	Fundamentdurchbruch
WD	Wanddurchbruch
WA	Wandaussparung
SWS	senkrechter Wandschlitz
WWS	waagrechter Wandschlitz

Nutzung

H	Heizunginstallation
L	Lüftunginstallation
S	Sanitärinstallation
E	Elektroinstallation
G	Gasinstallation
FM	Fernmeldeinstallation

Maßbezug/Lage

AK	Außenkante
IK	Innenkante
OK	Oberkante
UK	Unterkante
VK	Vorderkante
HK	Hinterkante
FH	Firsthöhe
LH	lichte Höhe
TH	Traufhöhe
Um	Umfang
u	unter …
ü	über …

Beispiele

OK RFB	Oberkante Rohfußboden
UK D	Unterkante Decke
UK AD	Unterkante abgehängte Decke
…	

Bildnachweis:

Seiten 30, 32, 34, 36–39, 42
aus »Die Bauleitpläne«
Dr. W. Bihr, J. Veit, K. Marzahn
Stuttgart 1971

Und zu guter Letzt:

Wie soll man seine fertigen Zeichnungen am besten transportieren? Abgesehen von der Faltung nach DIN 1356, also auf das Format A4, das sich für das Präsentieren nicht besonders gut eignet, gibt es auch das Rollen. Aber wie rollen? Da scheiden sich die Geister nachhaltig und darum wird empfohlen sich selbst eine Meinung zu bilden. Will ich, dass die Zeichnung auf dem Tisch ausgerollt einen Bauch bildet und sich nach innen wieder einrollt, oder dass sich die äußeren Zeichnungsränder ständig wieder einrollen wollen? Ähnlich verhält sich der Papierbogen auf der Wand. Welche Maßnahmen kann ich dagegen ergreifen? Ein ständiges Dilemma?!

Der Verfasser pflegt jedenfalls den Papierbogen mit der Darstellung nach innen einzurollen …